KB014173

생명해류

SEIMEI KAIRYU GALAPAGOS by Shin-Ichi Fukuoka
Copyright © Shin-Ichi Fukuoka, 2021
All right reserved.
Original Japanese edition published by Asahi Press Co., Ltd.

Korean translation copyright © 2022 by EunHaeng NaMu Publishing Co., Ltd.
This Korean edition published by arrangement with Asahi Press Co., Ltd., Tokyo,
through HonnoKizuna, Inc, Tokyo, and BC Agency.

진화의 최전선 갈라파고스에서 발견한 생명의 경이

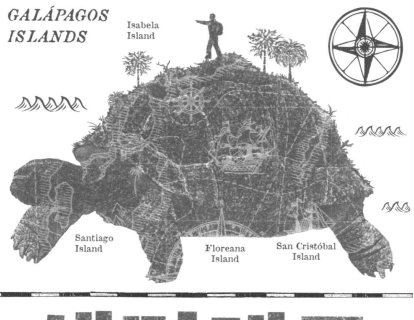

GALÁPAGOS
ISLANDS

Isabela
Island

Santiago
Island

Floreana
Island

San Cristóbal
Island

후쿠오카 신이치 지음 | 김소연 옮김 | 최재천 감수

은행나무

차례

산티아고섬

갈라파고스에서 만난 생물들

갈라파고스에 가고 싶다

박물학자 선언

연구하기. 직접 가보기. 확인하기. 다시 연구하기.

가능성을 생각하기. 실험하기.

잃어버린 것을 생각하기.

귀 기울이기. 응시하기. 바람에 몸을 맡기기.

이 하나하나가 세상을 기술하는 방법을 가르쳐준다.

나는 어쩌다 곤충을 너무나 사랑한 나머지

이렇게 생물학자가 되었지만

지금, 당신이 좋아하는 일을 꼭 직업으로 삼아야 하는 건 아니다.

중요한 건 뭔가 하나는 좋아하는 일이 있다는 것,

그리고 그 좋아하는 일을 계속 좋아할 수 있다는 것.

그 여로는 놀라우리만치 풍요로울 것이고,

한순간도 당신을 싫증 나게 하지 않으리라.

조용히 그리고 끝까지 당신을 격려할 것이다.

마지막 순간까지 당신을 격려할 것이다.

이 글은 자연을 사랑하는 이들에게 보내는 글이다. 말하자면 박물학자 선언인 셈이다. 하늘소와 나비를 찾아 산과 들을 헤매고, 결국 빈손으로 집에 돌아왔던 소년 시절의 체험을 바탕으로 썼다. 하지만 돌이켜보면 이런 감각은 연구자가 된 뒤에도 변치 않았다. 시험하고, 기다리고 그리고 포기하기. 모든 것은 이 행위의 반복이었다.

갈라파고스에 가보고 싶다. 이는 박물학자로서의 오랜 꿈이었다. 프로 연구자도, 아마추어 야생 조류 관찰자도, 곤충을 사랑하는 일곱 살짜리 소년도 모두 이런 박물학자다. 그리고 그들은 한결같이 바란다. 평생 단 한 번이라도 좋으니 저 바다 끝 갈라파고스 제도에 가서 용암과 거석에 둘러싸인 채 끊임없이 파도에 씻기는 가파른 벼랑 위에 서식하는, 독자적 진화를 이루어낸, 기적적인 생물을 직접 보고 싶다고.

아주 예전부터 가진 바람이다. 하지만 내 꿈은 이제 다소 수고스럽게 되었다. 단순히 관광객으로서 갈라파고스를 보러 가는 게 아니라 지금으로부터 약 200년 전 어느 가을, 멀고 먼 항해 끝에 이 군도에 도달하고 탐험한 비글호의 자취를 따라, 그 경로를 거쳐 섬을 보고 싶었다. 비글호에는 그 유명한 찰스 다윈이 타고 있었다. 훗날 진화론을 주장해 생명의 역사에 혁명을 일으킨 바로 그 인물.

하지만 불가능한 일이다. 비글호의 정식 명칭은 H.M.S. Beagle, Her(His) Majesty's Ship. 즉 여왕(국왕) 폐하의 배였다. 총 길이

27.5미터, 배수량 242톤, 실전이 가능한 대포 6문을 탑재했고 영국 정예군 70여 명의 선원이 승선한 정식 군함이었다. 당연히 장비도 자재도 충분히 선적되어 있었다. 그렇기에 자유자재로 항로를 선택할 수 있었던 것이다. 애초에 비글호의 비밀스러운 목적은 전 세계에 산재한 미래 군사 거점을 확인, 조사, 측량하는 것이었다. 따라서 그들과 같은 규모의 배를 마련해 같은 항로를 재현하는 것은 애초에 불가능했다.

당시 다윈은 고작 스물두 살이었다. 선장 피츠로이와의 인연으로 어쩌다가 수행을 허락받은 민간인 승객이었다. 생물학에 흥미가 있었다고는 하나 훗날 《종의 기원》으로 결실을 맺은 진화론에 관한 구상은 전혀 준비되어 있지 않았다.

우리는 '갈라파고스'라고 통칭하지만 그곳은 크고 작은 다양한 섬과 암초 들이 산재하는 군도다. 이름이 있는 섬은 총 123개, 주요 섬만 해도 13개나 된다. 대략 일본의 간토 지방 정도 넓이(약 1만 5,000제곱킬로미터로 서울특별시 면적의 약 2.5배 – 옮긴이)의 범위에 분포하고 있다.

다윈이 승선한 H.M.S. 비글호는 1835년 9월 15일에 갈라파고스 해역 동쪽 끝에 위치한 산크리스토발(채텀)섬에 도착했다. 그 후, 약 한 달에 걸쳐 몇 안 되는 수원이 존재하는 섬인 플로레아나(찰스)섬, 6개의 화산을 거느린, 갈라파고스에서 가장 큰 이사벨라(앨버말)섬, 그리고 이 섬과 지금도 화산활동이 왕성한 페르난디나(나보로)섬과 사이의 좁은 해협을 빠져나와 적도선 0도를 넘어 산티아고(제임스) 섬 등에 기항寄港(배가 목적지가 아닌 곳에 잠시 들름 – 옮긴이)해 조사와 측량을 하고, 같은 해 10월 20일 다음 조사지인 타히티섬을 향해 서쪽 태평양으로 전진했다.

비글호는 타히티(남태평양 중부 프랑스령 폴리네시아에 속하는 화산섬), 태즈메이니아(오스트레일리아 최남단의 가장 큰 섬), 코코스 제도(인도양 동부 오스트레일리아령의 섬), 모리셔스(아프리카 동쪽 인도 남서부의 섬) 등 지금은 고급 리조트가 된 곳들을 순항하는 듯한 항로로 5년에 걸쳐 세계일주를 했다. 이는 앞에서도 이야기했듯 비글호의 비밀스러운 사명이 다름 아닌 대영제국의 세계 제패라는 야망과 관계가 있기 때문이다.

적어도 갈라파고스 제도 여행만이라도 찰스 다윈과 같은 항로를 거쳐 그가 바라봤을 광경을, 그가 보았을 순서대로 보고 싶었다. 대체 갈라파고스의 무엇이 그의 눈을 뜨게 하고, 그의 상상력에 불을 지폈을까. 간접 경험이라도 해보고 싶었다. 이것이 나의 과분한 꿈이었다.

또한 갈라파고스 제도에 관한 어려운 수수께끼 3개가 있다. 그리고 그 수수께끼는 아직도 풀리지 않았다. 그 수수께끼에 조금이라도 다가가는 것이 이번 여행의 간절한 바람이었다.

1. 이 섬에 서식하는 기묘한 생물들은 어디에서 왔을까? 어떻게 이렇게 특수한 진화를 하게 된 걸까?

'갈라파고스화'라는 말을 종종 쓰는데, 갈라파고스 제도는 세상과

단절된 환경에서 독자적으로 진화한 결과 일종의 막다른 길에 들어서버려 세상과 동떨어지게 된 곳이라는 의미의 비유적 표현으로 사용되는 경우가 많다. 흔한 예로 일본어의 '가라케ガラケー'라는 단어를 들 수 있다. 가라케, 즉 갈라파고스 휴대전화('갈라파고스'의 일본식 발음 '가라파고스ガラパゴス'의 '가라'와 '휴대携帯'의 일본어 발음 '케이타이けいたい'의 '케'를 합성한 단어-옮긴이)는, 정밀하고 다양한 기능을 탑재했고 특별한 방식으로 인터넷에도 접속할 수 있지만 모든 것이 일본의 고유 사양이었기 때문에 아이폰을 비롯한 세계 표준의 스마트폰이 상륙하자마자 쫓겨나고 말았다. 한 세대를 휩쓴 아이모드I-mode(NTT도코모에서 만든 휴대전화용 무선 인터넷 서비스. 검색, 문자메시지, 채팅, 쇼핑, 금융, 음악 등 다양한 서비스를 제공하여 일본에서는 다른 스마트폰이 자리를 잡기 어려웠으나 아이폰 사용의 증가로 2019년부터 신규 신청을 받지 않고 있다-옮긴이)는 옛이야기가 되고 말았다. 오늘날 폴더형 갈라파고스 휴대폰은 극소수만 사용하고 있다.

하지만 진짜 갈라파고스 제도는 결코 세상으로부터 동떨어진 곳이 아니다. 오히려 세계 최첨단의, 진화의 최전선이라 할 만하다. 갈라파고스 제도는 또한 결코 오래된 곳도 아니다. 지구의 역사에서 보자면 오히려 젊은 섬이다. 아시아, 아프리카, 북남아메리카 등의 대륙에 비해 훨씬 나중에 해저 화산의 융기로 형성된 새로운 환경이다. 대륙은 수억 년 전부터 생성되었지만, 갈라파고스 제도 중 오래된 섬은 수백만 년, 새로운 섬은 수십만 년 전에 태어났을 뿐이다.

그곳에 어딘가로부터 기적적으로, 제한된 생물이 도달하여 어찌어찌 생태적 지위niche를 개척하고 서식하기 시작했다. 진화는 이제 갓 시작되었을 뿐이며 본무대는 이제부터다.

그건 그렇고 그들은 어디에서 왔을까? 가장 가까운 남아메리카 대륙에서도 해상 1,000킬로미터나 떨어져 있는데 말이다. 날개가 있는 새들은 그렇다 쳐도, 헤엄을 치지 못하는 땅거북은 어떻게 왔을까? 가령 떠다니는 나뭇조각에 어쩌다가 몸을 싣고 온 경우가 있었다 해도 이 섬에서 번식하려면 적어도 한 쌍의 암수가 있어야 한다. 그리고 무엇보다 이제 막 생성된 화산섬에는 식물도 토양도 그리고 물마저도 거의 존재하지 않았을 것이다.

게다가 그들은 어떻게 독자적으로 진화할 수 있었을까? 갈라파고스땅거북의 선조는 대륙으로부터 기적적으로 착륙한 땅거북이었을 것으로 추정하지만 남아메리카에도 북아메리카에도 갈라파고스땅거북처럼 등딱지 길이가 1미터, 몸무게가 수백 킬로그램이나 나가는 거대한 땅거북은 서식하지 않는다. 대륙의 땅거북은 훨씬 작다. 즉, 처음 이곳에 발을 내디딘 선조 거북들은 덩치가 작았는데 갈라파고스에 온 뒤로 가혹한 환경에도 불구하고 거대화를 이루었다는 얘기가 된다. 왜 대륙에 남은 거북은 자라지 않았고 갈라파고스땅거북만 이렇게 커질 수 있었을까?

신기하게도 거대한 땅거북의 서식지는 전 세계에서 단 한 곳뿐이다. 그곳은 인도양 세이셸 군도로 알다브라코끼리거북이 서식한다.

갈라파고스땅거북과 알다브라코끼리거북 사이에 생물학적 유연관계는 없다. 애초에 두 섬은 지리적으로 너무 멀리 떨어져 있다. 하지만 이 두 종의 땅거북은 형태와 생태가 너무나 흡사하다. 초식이고 등딱지가 1미터를 넘을 때까지 천천히 성장하며 정말 오래 산다. 이백 살이 넘는 개체도 있다고 알려져 있다. 알다브라코끼리거북의 선조 역시 아마 대륙(아마 아프리카)에서 살다가 이 절해의 고도孤島에 표착한 작은 땅거북이리라. 즉 이 두 종류의 땅거북은 진화론적 경로도 아주 비슷하다고 할 수 있을 것이다. 하지만 그 경로 가운데 무엇이 작은 땅거북을 이렇게까지 거대하게 변화시켰단 말인가.

이는 갈라파고스를 둘러싼 다른 독특한 생물상에도 해당하는 말이다. 육지와 바다로 나뉘어 서식하게 된 이구아나들. 날기 위한 날개를 포기한 갈라파고스가마우지. 각 섬에 분포하는 독자적인 생활양식과 그에 맞는 부리를 갖게 된 핀치들…. 갈라파고스 생물들의 수수께끼를 풀려면 수백만 년에 걸친 시간 여행을 해야 한다. 만약, 갈라파고스 여행이 실현되고 비글호 항로를 그대로 따를 수 있다면 나는 기묘한 생물들을 관찰하며 이 시간 여행을 실현시키고 싶었다.

2. 갈라파고스를 발견한 사람은 누구인가?

또 하나의 수수께끼는 인류학사적인 수수께끼다. 갈라파고스 제도는 1535년, 스페인에서 남아메리카 잉카로 파견된 전도사 프라이 토마스 데 베를랑가Fray Tomás de Berlanga의 배가 우연히 표착하면서

'발견'되었고, 훗날 갈라파고스로 명명되었다. 베를랑가의 배는 풍랑 때문에 조난한 게 아니었다. 무풍으로 인해 조난을 당한 것이다. 베를랑가가 교황 앞으로 보낸 1535년 4월 26일자 편지가 남아 있다 (이 문서 덕에 그는 갈라파고스 발견자라는 영예를 얻게 된 것이다).

2월 23일, 파나마를 출범한 후 7일 동안은 바람 덕에 순항하며 대륙을 따라 남하했으나 이후 6일 동안은 바람이 전혀 불지 않아 저희 배는 해류에 몸을 맡긴 채 떠돌다가 3월 10일에 알 수 없는 어느 섬을 발견했습니다.

그는 별을 보고 섬의 위치를 알아냈다.

이 섬에서 2개의 섬이 보이는데 하나는 남위 0.5도에서 1도 사이에, 다른 하나는 0.5도에 위치하고 있습니다. 땅거북, 이구아나(대형 도마뱀), 새 등이 살고 있으며 이들은 도망치는 걸 몰라서 맨손으로 잡을 수도 있습니다. 섬들은 신께서 큰 바위를 흩뿌려주신 듯 커다란 돌이 가득하여 대지는 풀을 키울 힘조차 없습니다.

적도 바로 아래 위치한 갈라파고스 제도에 대한 정확한 기술이 바로 여기에 있다. 생물들이 인간을 전혀 두려워하지 않는다는 사실도 기록되어 있다(편지글은 《갈라파고스 제도-'진화론'의 고향》(이토 슈조, 쥬코신쇼) 인용).

하지만 이는 온갖 역사적 기술과 마찬가지로 백인의 관점에서 본 세계의 '발견'에 불과하다. 그전에도 남아메리카의 잉카인들이나 혹은 태평양을 거처로 삼는 해양 민족이 이 섬의 존재를 알고 있었을 가능성은 충분히 있다. 이를 시사하는 문화인류학적·민족학적인 증거는 없는 걸까? 즉 인간 활동의 흔적을 남긴 유적이나 유물의 존재 말이다.

갈라파고스 제도가 자연사적 가치, 즉 고유한 동식물 등의 존재를 주목받아 제도 전체가 국립공원으로 보전되고 있는 점은 훌륭하다. 하지만 인류학적 연구 조사는 빈약한 경향이 있다. 콘티키호를 타고 해양 모험가로 이름을 날린 토르 헤위에르달Thor Heyerdahl이 남긴 갈라파고스 조사 기록이 일부 남아 있을 뿐이다.

1953년, 헤위에르달은 갈라파고스 제도 가운데 플로레아나섬의 블랙 비치, 산타크루스섬의 고래만, 산티아고섬의 제임스만 등지에서 다수의 토기류를 발견했는데 이것이 콜럼버스 이전 시대, 즉 잉카제국 시대의 것일 가능성이 있다고 생각했다. 하지만 당시의 연대 측정 기술은 지금처럼 정확하지 않아 확정적 결론을 얻지 못했다.

그리고 헤위에르달 자체에 대한 평가 또한 역사의 시련 속에서 흔들리고 있다. 내가 소년이었을 무렵 《콘티키Kon-Tiki》는 쥘 베른의 모험소설인 《15소년 표류기》나 어니스트 섀클턴의 장렬한 남극 탐험기 《사우스South》와 더불어 가슴을 뛰게 하는 3대 표류기로서, 호기심 왕성한 소년 소녀들의 필독서였다.

그중에서도 태평양 한복판의 외딴섬, 이스터섬에 존재하는 신비한 거대 석상의 기원을 둘러싼 장대한 가설을 전개한 《콘티키》는 뛰어난 이야기이다. 노르웨이의 탐험가 헤위에르달은 생각했다. 이스터섬의 원주민을 포함한 폴리네시아인들의 유래는 수수께끼에 싸여 있다. 남아메리카 페루에 있는 석상은 바다를 바라보며 서 있는 이스터섬의 거대 석상과 닮지 않았는가. 그러니 이스터섬 문명의 기원은 잉카제국이 아닐까?

이렇게 생각한 그는 이를 증명하려 했다. 1947년, 헤위에르달은 잉카제국 시대의 도면을 바탕으로 남아메리카의 경량 목재인 발사balsa 나무 뗏목을 만들었다. 뗏목의 이름은 콘티키호. 잉카제국 태양신의 이름을 땄다. 헤위에르달은 이 콘티키호를 타고 남아메리카 페루에서 이스터섬에 도달할 수 있음을 증명하려 했던 것이다. 헤위에르달을 포함한 5명의 선원과 1마리의 앵무새를 태운 콘티키호는 약 100시간의 표류 끝에 드디어 남태평양 해역에 도달했다. 최종 목적지인 이스터섬에는 도달하지 못한 채 인근인 라로이아 환초環礁에서 좌초했다. 어쨌든 페루에서 폴리네시아까지 고대 뗏목만으로 항해하겠다는 목적을 달성한 것이다. 이듬해 출판된 《콘티키》는 전세계적으로 호평을 받으며 베스트셀러가 되었다. 항해를 취재한 다큐멘터리 영화는 아카데미상을 수상했다.

일약 시대의 총아가 된 헤위에르달은 이번에는 중앙아메리카에 위치한 아스테카 문명의 기원은 이집트 문명이라는 설을 주장해 아프리카산 파피루스 풀을 엮어 배를 만들어 모로코에서 카리브해를 도착지로 하는 항해에 나섰다. 그러나 항해를 시작한 지 6,000킬로미터 즈음에서 안타깝게도 풀로 만든 배는 가라앉았고 그의 계획은 좌절되고 말았다. 그는 이후에도 계속해서 이런 해양 모험을 기획하고 실행에 옮겼다. 갈라파고스 제도와 잉카문명의 연관성에 관한 헤위에르달의 가설도 이 중 하나로서 제기된 것이다.

하지만 시간이 흐른 지금 돌이켜보면, 헤위에르달이라는 인물은 늘상 어떤 관계망상에 사로잡혀 있던 학자라기보다는 일종의 이벤트 주최자였다고 보는 편이 타당할지도 모른다. 기원전 3000년 이집트 문명과 기원후 1500년 전후에 꽃핀 아스테카 문명은 시대적으로 너무나 동떨어져 있다. 따라서 이 둘이 관계가 있다는 주장에는 무리가 있다. 헤위에르달을 일약 유명인으로 만든 콘티키호 실험에 대해서도 후일 여러 가지 의혹이 제기되었다.

콘티키호는 페루를 출항한 후 군함으로 예인된 채 약 80킬로미터를 전진했다. 남아메리카의 태평양 연안에는 강력한 훔볼트 해류가 남쪽으로 흐르는데, 역류에 맞서는 추진력이 없는 뗏목으로는 이 훔볼트 해류를 거슬러 폴리네시아 방향의 무역풍을 탈 수 없다. 즉, 정확히 말하면 콘티키호의 표류는 훔볼트 해류를 지난 위치부터 시작된 것이다. 또한 콘티키호는 현대의 보존 식량을 싣고 있었고 통신

기술도 이용했기 때문에 고대 잉카제국의 문화 수준에 기반한 항해를 했다고 볼 수 없다.

현대의 문화인류학은 이스터섬의 거대 석상 모아이에 대한 수수께끼를 풀지 못하고 있다. 하지만 폴리네시아 사람들은 아시아 대륙에서 타이완, 필리핀, 동남아시아의 여러 섬을 거쳐 멜라네시아를 경유하여 태평양 제도에 도달한 것으로 보고 있으며 남아메리카 기원설은 거의 인정되지 않고 있다. 헤위에르달의 모험은 제2차 세계대전이 끝난 직후 피폐한 세상에 하나의 밝은 희망을 준, 시대의 무성화無性花(암술과 수술이 없어 열매를 맺지 못하는 꽃. 실속 없음을 이르는 말—옮긴이)로서 사람들에게 환영받으며 소비되었던 소설 정도로 보아야 한다.

이런, 이야기가 샛길로 샜다. 헤위에르달의 갈라파고스 조사가 비록 망상 어린 것이었다 해도 스페인 선교사 베를랑가 신부 이전에 갈라파고스를 최초로 발견한 사람들이 있었을지도 모른다는 가능성은 남아 있다.

또 하나의 미스터리는 갈라파고스의 공백기 300년이다. 표류하던 베를랑가가 우연히 갈라파고스에 도달했고 그 기록을 1535년에 문서로 남긴 후 갈라파고스는 약 300년 동안 세계사에서 잊힌 섬이었다. 섬 대부분이 풀 한 포기 없는 용암으로 뒤덮인 데다 마실 물도 거의 없고, 거대한 땅거북과 기이하게 생긴 이구아나가 군생하는 이 이상한 섬들은 지정학적으로 오랜 기간 방치되어 있었다. 풍문으로는 그동안 갈라파고스 제도가 유럽과 남아메리카를 잇는 항로를 노린 해적들의 아지트였다거나 포경선 정박지라는 이야기가 있었다. 만약 이것이 사실이라면 금과 은을 실은 배를 습격한 해적들이 빼앗은 보물단지가 갈라파고스 땅속 어딘가에 묻혀 있을지도 모른다.

19세기가 되어 남아메리카의 여러 지역이 종주국인 스페인과 포르투갈의 지배에서 벗어나 독립을 쟁취하려 하면서 비로소 민족자결과 영토에 대해 자각하기 시작했다. 문화적 뿌리를 잉카제국에 둔 에콰도르가 독립을 이룬 것이 1830년. 독립 직후 에콰도르는 갈라파고스 제도의 영유권을 선언했다. 1832년의 일이었다. 영국 군함 비글호는 이미 영국을 출항해 뱃머리를 남아메리카로 돌리고 있었다. 만약 다윈을 태운 비글호가 갈라파고스 제도에 도착했을 때(1835년), 아직 에콰도르가 영유권을 주장하지 않은 상태였다면 영국 함대는 서슴없이 유니언잭을 해안에 꽂았을 것이다. 하지만 에콰도르가 영유권을 주장하여 에콰도르에서 이주해온 얼마간의 사람들이 마을을 이루고 있었기 때문에 갈라파고스 제도는 간신히 서구열강의 손아귀에 들지 않을 수 있었다.

이후 19세기 후반부터 북아메리카와 남아메리카를 잇는 파나마 지협에 인공운하를 건설하자, 태평양 쪽에서 파나마 지역을 바라보는 갈라파고스의 지정학적 중요성이 급상승하게 된다. 유럽 각국, 미국 그리고 열강 대열에 합류한 일본까지 갈라파고스에 눈독을 들였다. 하지만 에콰도르는 굳건하게 갈라파고스의 영유권을 지켜냈다. 이것이 결과적으로 갈라파고스 제도의 자연을 지키는 결과를 낳았다.

만약 내가 갈라파고스에 갈 수 있다면 공백기였던 300년을 메울 단서를 꼭 찾고 싶다. 그리고 어떻게 에콰도르는 비글호가 도착하기 직전에 갈라파고스를 보전하겠다는 영단을 내릴 수 있었는지, 그 은밀한 역사를 추적하고 싶다.

3. 다윈을 넘어

《다윈을 넘어ダ-ウィンを超えて》는 1978년, 당시 이색 대담 시리즈로 출간된 렉처북LECTURE BOOKS(1978년부터 1988년에 걸쳐 아사히출판사가 간행한 대담 시리즈—옮긴이) 중 한 권이다.

생각해보면 이 렉처북은 획기적인 총서였다. 무엇보다 제목들이 대단했다. 그리고 대담자 간의 절묘한 조합도 대단했다. 분명 당시 편집자들의 문학적 감각이 뛰어났을 것이다. 그리고 이런 책이 팔렸다는 것은 지성에 대해 충분히 경의를 표하던 시대였음을 의미한다. 생각나는 대로 열거해보자.

《영혼에 메스는 필요없다魂にメスはいらない》, 〈융 심리학 강의〉(가와이 하야오 + 다니카와 슌타로)

《인큐베이터 안의 어른哺育器の中の大人》, 〈정신분석 강의〉(기시다 슈 + 이타미 주조)

《소리를 보다, 시간을 듣다音を視る、時を聴く》, 〈철학 강의〉(오모리 쇼조 + 사카모토 류이치)

《당신은 야오인인가, 조몬인인가君は弥生人か縄文人か》, 〈우메하라 일본학 강의〉(우메하라 다케시 + 나카가미 켄지)

하나같이 그야말로 재치 있고 이목을 집중시킬 만한 제목들이 아닌가.

《다윈을 넘어》에는 생물학자인 이마니시 킨지와 평론가인 요시모토 타카아키의 대담이 수록되어 있다. 목차는 제1강 다윈, 제2강 이마니시 진화론(전편), 제3강 마르크스와 엥겔스, 제4강 이마니시 진화론(후편)으로 구성되어 있다.

마침 교토대학교 신입생이었던 나는 푹 빠져들어 이 책을 읽었다. 이마니시 킨지는 교토대학교의 대선배이다. 현장에 직접 나가 자연 관찰을 중시하는 생물학을 주도했고 신교토학파를 창설했으며 일본에 영장류학을 개설해 수많은 후진을 양성했다. 세계 각지에 탐험가를 파견하고 본인도 꾸준히 산에 올랐다. 교토 시내를 흐르는 가모가와강을 수시로 찾아 하루살이의 생태를 상세히 분석하여 독자적인 스미와케棲み分け(서식 영역 분할 상태에서 평화 공존하는 생태-옮긴이) 이론을 제창했다. 이러한 업적을 쌓은 것을 바탕으로 그는 다윈의 진화론, 즉 생물이 돌연변이와 자연선택**만으로** 다양성을 획득해 왔다는 이론에 '불승복'했다. 이 주장을 밝힌 책이 제2차 세계대전

전에 '유서라 생각하고 썼다'는 그 유명한 《생물의 세계生物の世界》
(국내에는 《생물 세계의 이해》로 소개된 바 있다—옮긴이)이며, 이 책을 쉽
게 부연한 것이 《다윈을 넘어》였다. 하지만 나는 빠져들어 읽기는
했지만 이마니시 진화론의 화법이 너무 독특해서 거의 이해하지 못
했다. 특히 이마니시 진화론의 핵심 부분에서 진화의 직접적인 원인
으로 종種은 '변해야 해서 변한다'고 한 주장이 도무지 이해되지 않
았다. 당시 우리가 공부하던 분자생물학은 유전자에서 우발적으로
발생한 돌연변이만이 생물을 변화시키는 직접적 원인이며 환경에
의한 자연선택이 돌연변이 속에서 적응하기 위한 변화를 선별한다
고 설명했다. 이외에 생물의 진화를 합리적으로 설명하는 이론은 없
었다. 그리고 이것이 바로 다윈의 진화론인 것이다. 그러므로 '변해
야 해서 변한다'고 해도 그 메커니즘이 하나의 대안으로서, 유전자
의 돌연변이와 같은 수준의 해상도로 설명되지 않는 한 다윈을 '넘
을' 수는 없는 노릇이다. 이것이 내가 이마니시의 이론을 이해하지
못하는 불만의 원인이었다.

1835년 가을, 갈라파고스 여행 당시 스물여섯이었던 다윈의 머릿
속에는 아직 '진화론'의 씨앗조차 준비되어 있지 않았다. 그의 저서
《비글호 항해기》에 나오는 갈라파고스에 대한 기록은 고작 10쪽 정
도이며, 섬에서 본 동식물의 관찰 기록과 섬의 지질학적인 특징을
기술한 데 불과하다. 다윈의 대표작인 《종의 기원》, 이른바 '진화론'
이 저술된 것은 그로부터 20년 후의 일이다. 다윈의 사상은 훗날 서

서히 성숙해갔다고 보는 게 맞을 것 같다. 갈라파고스에서 진화론에 관한 '아이디어'를 얻었다는 것은 그저 신화일 뿐이다.

실제로 그는 이 여행에서 갈라파고스 제도의 여러 섬에 분포하는 '핀치'라는 작은 새를 표본으로 채집해 귀국했다. 하지만 그 시점에는 핀치의 형태적 특징(단단한 열매를 깨는 핀치는 두껍고 단단한 부리를, 좁은 구멍에서 벌레를 끄집어내어 먹는 핀치는 좁고 길쭉하며 섬세한 부리를 갖는다)이 적응을 위해 진화한 것이라고는 꿈에도 생각지 못했다. 오히려 전혀 다른 종이라고 생각했다. 게다가 그의 채집 기록이 꼭 정확한 것은 아니며 채집 장소나 시기 등도 불완전했다. 훗날 다윈은 그런 부족한 것들을 깨닫고 후회한다고 말했을 정도다. 다윈이 관찰했던 핀치를 상세히 분류하고 이들이 서로 근연종임을 발견한 것은 표본을 위탁받은 조류학자 존 굴드다. 그리고 이 핀치가 '다윈핀치'라 불리게 된 것은 진화론이 출판되고 한참 후인 20세기에 이르러서이다.

하지만 1835년 가을, 젊은 다윈은 분명히 이 갈라파고스섬에 도착하여 그곳에서 전개되는 놀라운 생명의 모습을 목격했다. 이는 손이 닿지 않은 자연이라 할 만했고 생명의 본모습이라 할 만했을 것이다. 나는 이것을 '피시스physis'라 부르고자 한다. 그리스어로 본래의 자연을 뜻하는 피시스 말이다. 피시스의 상대어는 논리, 언어, 사상을 의미하는 '로고스logos'이다. 피시스 대 로고스의 문제 역시 이 여행의 중심 테마이다. 다른 장에서도 생각해볼 예정이지만 다윈이 맨 먼저 목격한 것은 피시스였음에 틀림없다. 이것이 로고스화된 결과가 진화론이다.

그렇기에 나는 다윈이 처음 갈라파고스를 접했던 원점으로 돌아가 그가 보았던 피시스를 확인하고 싶었던 것이다. 그리고 거기서 그가 사색을 통해 찾아낸 로고스가 필연적으로 도출되는지 증명해보고 싶었던 것이다.

이와 동시에 다음과 같은 사고실험을 제안하고자 한다. 만약 저 유명한 이마니시 킨지가 갈라파고스를 보았다면 무슨 생각을 했을까? 이마니시 킨지가 갈라파고스의 피시스를 직접 경험했다면 무슨 생각을 했을까?

새삼스럽지만 이마니시 킨지의 《생물의 세계》를 펼쳐보면 확실히 알 수 있다. 거기에는 선명한 생명관이 넘쳐흐른다. 참고문헌 목록이나 주석 같은 것은 전혀 존재하지 않는다. 그는 이 책을 제2차 세계대전 전인 서른여덟 살에 유서를 쓴다는 생각으로 단숨에 써 내려갔다. 그리고 생명이 '이러이러하게 성립되었음에 틀림없다'는 그의 신념은 그가 소년 시절부터 관찰해온 '자연=피시스'의 실감에 직접 뿌리내린 확신임을 알 수 있다. 이를 확인하고자 하는 것이 이번 갈라파고스 여행에 대한 나의 비밀스러운 계획이었다.

갈라파고스에 가고 싶다. 꿈은 계속 생각하면 언젠가는 반드시 이루어진다. 비록 애초에 예상했던 모습이 아니더라도. 마치 범선이 바람을 기다리듯 혹은 밀물과 썰물이 달이 차기를 기다리듯, 희망을 가지고 끈기 있게 때를 기다리면 언젠가 꿈은 이루어진다. 알렉상드르 뒤마의 파란만장한 역사소설 《몬테크리스토 백작》의 최후 역시 이렇게 마무리되지 않는가. "기다려라, 그리고 희망을 가져라Attendre et espérer."

사실, 갈라파고스에 갈 수 있었던 기회는 과거에도 있었다. 이제 시효도 지났고, 폐를 끼친 관계자도 용서해줄 것 같으니 이즈음에서 잠깐 그 일에 대해 이야기하고자 한다.

나 혼자 갈라파고스에 간다면 자비와 자력으로 어떻게든 꿈을 이룰 수는 있을 것이다. 하지만 그러면 아무리 노력한들 관광여행 이상은 될 수 없다. 실제로 갈라파고스의 자연과 관련된 기획 관광 상품은 다양하게 존재하고, 거기에 참가하면 갈라파고스 관광 명소를 돌며 주요 동물을 볼 수 있다.

하지만 그건 의미가 없다. 시작 부분에 썼듯이 《비글호 항해기》를 (부분적이나마) 재현하고, 다윈이 본 것을 그가 본 순서대로 간접 체험함으로써 갈라파고스를 둘러싼 수수께끼에 다가가고 싶다는 게 내 이루지 못한 꿈이기 때문이다.

그리고 그 꿈을 실현하기 위해서는 개인 여행 이상의, 좀 더 대대적인 기획이 필요하다. 우선 갈라파고스 제도의 섬들을 생각대로 항해하기 위해서는 관광을 위한 배가 아닌, 비글호 정도는 아니어도 임차 선박과 물자가 필요하다. 당연히 배를 운전하기 위해 갈라파고스 바다를 훤히 알고 있는 현지인 선장과 선원을 고용해야 하며, 스페인어로 의사소통을 하기 위해 현지 사정에 정통한 통역 겸 후방지원 담당자를 고용해야 한다. 요리사도 필요할지 모른다. 갈라파고스 제도는 전체가 국립공원이기 때문에 방문자 단독으로는 자유 항해가 허가되지 않으며 반드시 국립공원국이 공인하는 전문 가이드와 동행해야 한다. 일본에서는 집필 작가인 본인 외에도 사진이나 동영상, 음향 등을 담당하는 카메라맨도 데려가고 싶었다.

이렇게 하려면 무조건 매체를 스폰서로 하는 팀워크를 구성해야 한다. 서적이라든가 텔레비전 프로그램을 기획하는 곳 말이다. 하지만 그저 갈라파고스에 가보고 싶다는 후쿠오카 신이치의 소년 시절의 꿈을 이루겠다는 명목으로는 책이나 프로그램을 만들 수 없다. 거기에 뭔가 현대적인 의미가 부여되어야만 하는 것이다. 지금 갈라파고스를 생각하는 것의 의미. 이것은 바로 앞에서도 이야기했던 갈라파고스의 현재를 통해 지금 다시 한번 다윈의 진화론을 묻고, 생명을 다시 인식하는 것이다. 그리고 아직 남아 있는 갈라파고스에 관한 수수께끼를 하나라도 더 해결해야 한다.

이런 각오를 가슴에 새긴 채 나는 틈만 나면 '갈라파고스에 가고 싶다'는 꿈을 드러내고는 했다. 이런 내 정신 나간 소리를 어딘가에서 들었나 보다. 어느 날, 방송국 관계자가 이런 제안을 해왔다.

"후쿠오카 선생님, 갈라파고스에 가보지 않겠습니까?"

"뭐라고요!"

나는 하늘을 날 것처럼 기뻤다. 드디어 갈라파고스 제도에 갈 기회가 온 것이다! 기획은 이러했다.

이사벨라섬에서 신종 생물이 발견되었는데 그 생물을 보러 간다. 실제로 직접 볼 수 있다고 한다. 굉장하다. 이사벨라섬은 갈라파고스 제도 가운데 가장 큰 섬으로 이 섬의 대부분이 사람의 발길이 닿은 적 없는 화산지대이다. 때문에 서식지에 접근하려면 전용 헬리콥터를 전세내야 하는 호화로운 취재 기획이었다.

내가 당초에 생각했던, 다윈의 항로를 따르는 여행과는 다소 취지가 다르지만 이사벨라섬은 다윈이 상륙했던 섬이기도 하다. 신종 생물도 궁금했다. 하지만 무엇보다 갈라파고스 제도에 갈 수 있는 천재일우의 기회다. 나는 갑자기 의욕이 넘쳤다.

"꼭 가고 싶습니다."

그런데 프로그램 감독이 말했다.

"주연은 후쿠오카 선생님이 아니라 ○○ 씨입니다."

나는 내가 주역이 되고 싶었던 게 아니었기에 그저 갈라파고스에 갈 수 있다는 사실만으로 기뻤다. 하지만 이야기를 들을수록 내 위치가 상당히 미묘하다는 게 분명해졌다. 무엇보다 프로그램은 과학적 조사나 자연 탐구가 아니고 세계 불가사의 탐방과 같은 버라이어티쇼 느낌이 강했다. 그리고 취재 방법이 상당히 강제적이었으며 연출도 있었다.

헬리콥터를 전세까지 내어 서식지로 이동하는 것은 대단히 호화로운 취재이지만 헬리콥터에는 정원이라는 게 있다. 출연자 외에 수많은 제작진과 동행하지 않으면 안 된다. 감독, 촬영, 음향, 통역, 현지 가이드까지 더해지면 정원이 찬다. 이리하여 취재팀이 편성한 것은 이런 방법이었다. 일단 주역 ○○ 씨를 중심으로 하는 촬영팀이 현지로 날아간다. 눈앞에 있는 생물을 발견하고 놀라는 장면을 촬영한다. 이어서(아마 이튿날), 이번에는 나를 포함한 2차 팀이 같은 장소로 날아가 놀란 상태의 ○○ 씨가 마치 옆에 있는 것처럼 해설하는 장면을 촬영한다. 그리고 영상을 합성한다. 이것은 텔레비전에서 흔히 사용하는 연출법 중 하나일지는 모르겠으나 이 정도라면 다윈이 보았던 광경을 체험하고 진화론에 대해 다시 생각해보고자 했던 애초의 내 꿈과는 한참 동떨어진 것일 수밖에 없음이 분명했다.

불안과 당혹감이 조금씩 피어오르기 시작했다. 하지만 당시에는 그토록 소원하던 갈라파고스에 가고 싶다는 마음으로 꼭 이 기획에 참가하리라 마음먹고 있었다. 주연이냐 조연이냐 같은 건 상관없었다. 갈라파고스 땅을 밟을 수 있으면 되는 거다.

사전 조율이 진행되고 이야기는 점점 마무리가 되어갔다. 예전부터 믿고 지내는 한 편집자에게 이 얘기를 어떻게 생각하느냐고 물었다. 그는 나를 일개 보잘것없는 학자에서 새로운 작가로 세상에 내놓아 준 은인이기도 하다. 속마음은 여린데 도쿄 토박이이며 말투가 거친 그는 이렇게 툭 내뱉었다.

"하지 마요, 그거. 예능 프로그램이잖아요. 선생님을 귀하게 대해

주지도 않고, '다윈의 여로를 간접 체험하고 싶다'는 선생님의 오랜 꿈과도 전혀 맞지 않잖아요. 그리고 젊고 아무것도 모르는 젊은 여성이 '와–', '꺄–' 하면서 놀란 척을 하는데, 옆에서 나이 든 아저씨가 느릿느릿 진지하게 지식을 풀어놓는 그림은 조만간 비난받을 거예요."

갈라파고스에 갈 수 있다는 생각에 눈이 멀어 있던 나는 찬물을 뒤집어쓴 것 같았다. 그의 말은 지당했다. 그리고 그것은 시대를 내다보는 혜안이기도 했다. 리베카 솔닛의 화제작《남자들은 자꾸 나를 가르치려 든다》의 일본어 번역본이 출간된 것은 그로부터 얼마 지나지 않아서였다. 이 책의 일본어판 제목은《설교하고 싶어하는 남자들説教したがる男たち》인데 '맨스플레인mansplain'('man=남자'와 'explain=설명하다'를 합성한 단어)이라는 단어를 유행시킨 책이기도 하다. 젊은 여성에게 보호자처럼 굴거나 위에서 내려다보듯 설교를 늘어놓으며 자신의 지식을 과시하는 전형적인 남성상을 비판하는 말이다.

이는 솔닛 자신이 체험한 이런 에피소드에서 시작되었다. 어떤 파티에서 솔닛은 자신이 연구 중인 사진작가 에드워드 머이브리지 얘기를 꺼냈다. 그러자 상대 남성은 자기도 잘 안다는 듯 '올해 출간된 머이브리지와 관련된 아주 중요한 책을 아느냐'며 그 책에 대해 아는 지식을 늘어놓기 시작했다. 솔닛을 잠자코 그 남자의 얘기를 흘려들었다. 그가 그 책을 제대로 읽지 않았음은 분명했다. 왜냐하면 그 책의 저자는 리베카 솔닛, 바로 자신이었기 때문이다.

이 에피소드는 스스로 경계하는 마음으로 깊이 새겨야 한다. 젊은 여성은 세상 물정을 모른다고 생각하는 남자들의 자각 없는 성적 편견이 그대로 노출된 이야기이기 때문이다. 남자들이 세상을 더 잘 안다고 생각하는 것은 전혀 근거 없는 성차별이다. 특히 나는 학자라는 직업상 항상 전문적 지식을 전수하는 것이 생업이다. 나도 모르게 직업병이 발동한다. 뭔가를 배우고 싶어하는 학생이나 학구열이 있는 독자에게 지식을 전달하는 것은 전문가의 의무이지만 그저 지식을 조금씩 가르치는 정도로 끝나면 안 된다. 거기에는 항상 철학이나 이념이 뒷받침되어야 한다. 하물며 '젊은 여성=배우는 사람', '전문가 남성=가르치는 사람'이라는 고정관념에 빠지는 것은 지극히 위험하며 성적 불평등이기도 하다.

젊은 여성 중에 나보다 많은 지식과 학식을 갖춘 사람도 많을 것이며, 무엇보다 상대가 내 말을 듣고 싶어하는지 어떤지도 미리 알아야 한다. 남성만이 일방적인 가르침과 계몽을 줄 수 있다는 생각은 시대착오적이다. 그럼에도 불구하고 이런 도식은 지금도 곳곳에서 건재한다. 실제로 정말 많은 텔레비전 프로그램과 미디어 콘텐츠가 아직 이 도식을 마구잡이로 활용하고 있다. 젊은 여자 연기자를 상대로 전문가나 평론가 남성이 해설을 하는 도식.

예를 들면 NHK의 여행 프로그램인 〈브라타모리ブラタモリ〉는 타모리 씨 특유의 힘을 뺀 가벼운 캐릭터가 인기의 한 요인이기는 하

지만, 박식한 타모리 씨가 젊은 여자 아나운서에게 이런저런 지식을 풀어놓는다는 점에서는 분명히 전형적인 맨스플레이닝 구조다.

이런 사정으로 이 얘기는 일찌감치 흐지부지되었다. 내가 갑자기 포기하는 바람에 여러 관계자에게 큰 폐를 끼쳤음은 틀림없다. 대단히 죄송한 상황이다. 풍문에 의하면 이 프로그램 기획은 출연자, 제작진과 저 멀리 갈라파고스까지 가서 순조롭게 촬영이 진행되었고, 생물도 성공적으로 발견하여 무사히 방영되었다고 한다. 나 대신 누가 해설자 역할을 했는지까지는 알지 못하지만.

나는 뜻에 맞지 않는 형태로 맨스플레이닝 역할을 하지 않은 것만 해도 다행이다 싶었다. 하지만 시간이 흐르면서 과연 잘한 일일까 싶은 후회도 밀려왔다. 그런 기회를 스스로 박차버림으로써 나는 이제 두 번 다시 갈라파고스에 갈 기회는 없을 거라고 체념했다.

'행운의 여신은 앞머리를 잡아라'(즉, 행운의 여신에겐 뒷머리가 없다)는 말이 있기는 하나 나는 '버리는 신이 있으면 구원의 신도 있다'는 속담을 믿고 싶다. 그래도 갈라파고스를 향한 꿈을 포기하지 않은 결과, 나중에 둘도 없는 기회(즉 이 책의 출간 기회)가 내게 찾아왔기 때문이다. 인생, 어떤 것도 포기하지 않는 게 중요하다. 그것은 신기하게도 《다윈을 넘어》를 출간한 아사히출판사의 제안이었다.

렌즈의 초점

현미경에는 초점을 맞추는 손잡이가 있다. 그 손잡이를 돌리면 경통이 위아래로 움직이게 되어 있다(고급 현미경은 표본을 두는 재물대 부분이 위아래로 움직이는데 내가 어렸을 때 선물 받은 싸구려 교육용 현미경은 경통이 움직이는 형태였다).

처음 관찰했던 건 나비 표본의 날개 일부였다. 신중하게 조작법을 확인하고 잔뜩 긴장해서는 렌즈를 들여다보았다. 설명서에는 경통 끝에 붙은 대물렌즈를 가능한 한 표본에 가까운 위치까지 내리고, 그 상태에서 손잡이를 돌려 천천히 경통을 위로 올리면서 초점이 맞는 위치를 찾으라고 쓰여 있었다. 만약 거꾸로 조작하면, 즉 현미경을 들여다보며 경통을 위에서 아래로 내리면 자기도 모르게 대물렌즈 밑에 있는 표본을 망가뜨릴 수 있기 때문이다. 나는 지침대로 천천히 천천히 손잡이를 돌려 경통을 조금씩 위로 올렸다. 렌즈 안은 안개가 낀 듯한, 구름 같은 부정형의 형체가 보일 뿐이었다. 그런데 어느 지점에서 그 안개가 하나로 모여 정리되면서 갑자기 선명한 상을 맺었다. 이것이 초점이다. 이 점을 조금이라도 벗어나면 상은 다시 순식간에 안개 속으로 사라지고 만다. 나는 숨을 죽이고 초점을 찾아 그곳에서 손잡이를 멈췄다. 소우주가 펼쳐져 있었다.

나비 날개의 색은 도화지에 물감으로 칠한 듯 물들어 있지 않다. 벚꽃잎과 비슷한, 색색의, 아주 작은 모자이크가 한 장 한 장, 빈틈

없이 들어차 있다. 이것을 인분鱗粉이라 부른다. 시야를 옮겨 날개의 다른 부분을 봐도 모든 부분이 이 모자이크로 가득하다. 나는 숨죽여 환호성을 질렀다. 그리고 그날부터 현미경에 마음을 빼앗기고 말았다.

희뿌연 시계 속에서 손잡이를 조절하며 천천히 초점이 맞는 지점을 찾는 것. 이는 이후의 내 인생에서 일종의 은유가 되었다. 그리고 이를 위해서는 시간이 필요하다는 것도 내가 배운 것 중 하나이다.

원래 비사교적이고 내향적 소년이었던 나는 친구나 지인이라 부를 만한 관계가 거의 없었다. 그래서였을까. 나는 사람의 얼굴을 기억하는 것도, 사람의 이름을 기억하는 것도, 이 둘을 일치시키는 것도 정말 서툴렀다. 그리고 어른이 되어서도 그다지 변하지 않았다. 전에 일로 만났던 사람을 다시 만났는데 처음 보는 사람처럼 인사를 해서 분위기가 머쓱해진 경우도 종종 있었다. 그래서 내게 소중한 사람 혹은 소중한 기회를 만나도 그것을 신의 계시처럼 재빨리 알아차리는 일은 전무했다. 오히려 몇 번이고 의견을 주고받고, 여러 번 만나고 대화하면서, 마치 현미경의 손잡이를 돌리듯 천천히 시계視界의 깊이를 조절해야 비로소 그 혹은 그녀의 표정에 렌즈의 초점이 맞고 그 윤곽이 겨우 보이기 시작하는 게 일상이었다. 그리고 그 과정은 시간이 걸린다. 이번 갈라파고스 여행을 지원한 아사히출판사와의 만남도 다르지 않았다.

내가 대학에 입학한 것은 1970년대가 저물고 1980년대가 밝아올 무렵이었다. 소년 시절의 곤충 사랑이 깊어져 생물학의 길로 들어선 나였지만 관심사는 달라져 있었다. 커다란 호랑나비나 아름다운 하늘소를 쫓아다니는 순간이 아니라, 세포와 유전자의 메커니즘을 규명하는 일이야말로 생명현상을 이해하는 것이라는 시대의 조류 즉 분자생물학으로의 패러다임 전환에 완전히 물들어갔다. 동시에 대학 입시에서 해방되면서 온갖 지식이 신선하게 느껴졌다. 내가 진학한 교토대학교의 교양과정은 정말 자유로운 분위기였다. 이과계 학생도 《이세모노가타리伊勢物語》(10~11세기 초에 쓰인 일본 고유의 시 와카를 중심으로 하는 일본 최초의 이야기-옮긴이) 강의를 들을 수 있었고, 문화인류학 강의를 들을 수도 있었다(《갈라파고스Galapagos: The Noah's Ark of the Pacific》의 저자 이레내우스 아이블 아이베스펠트Irenäus Eibl-Eibesfeldt를 알게 된 것도 문화인류학자인 요네야마 토시나오 교수의 강의를 통해서였다). 문과 학생이라도 수학이나 건축, 정신의학 수업을 들을 수 있었다. 하지만 가장 좋았던 건 학교에 와도 그만, 오지 않아도 그만이었다는 점이다. 나는 여러 강의실을 기웃거렸고, 다른 곳으로 새기도 했으며, 그때마다 다양한 '점'을 만났다. 물론 당시에는 알지 못했지만 어느 날인가 생각지 못한 형태로 연결Connecting될 점들이었다. 스티브 잡스가 했던 말처럼 말이다.

그리고 개인사가 시대의 역사와 무관할 수 없듯, 내 대학 생활 역시 70년대에서 80년대로 이동하는 문화적 변용의 소용돌이 속에 있었다.

교토는 좁다. 대학이 있는 햐쿠만벤 인근에는 도쿄의 진보초에 비하면 한참 규모가 작은 헌책방 거리가 있었다. 그리고 시내에는《레몬檸檬》으로 유명한 마루젠 서점(가지이 모토지로의 소설《레몬》에 '마루젠'이 등장한다 – 옮긴이)부터 까다로운 도서 선별로 유명한 산가츠쇼보 서점까지 개성 있는 거리의 서점이 걸어서 갈 수 있는 범위에 산재해 있었다. 나는 미지의 점을 찾아 그런 곳도 슬렁슬렁 돌아다녔다.

가게 앞에는 〈에피스테메エピステーメー〉(지식이나 과학을 뜻하는 그리스어 επιστήμη. 1975년 아사히출판사가 창간한 사상 월간지 – 옮긴이)나 〈유遊〉(1971~1982년, 과학을 비롯해 종교, 음악, 문학, 사상, 역사, 우주 등 광범위한 지적 주제를 오락적 요소로 재구성한 것으로 유명한 잡지 – 옮긴이)의 표지에 스기우라 고헤이(일본의 유명 북디자이너 – 옮긴이)의 디자인이 춤추고 있었다. 가게 안 선반에는 하얗고 무거운, 미스즈쇼보 서점의 어려운 책이 빼곡했다. 읽어야 할 책은 얼마든지 있었고, 알아야 할 것은 무한했다. 에피스테메 즉 지知가 선망이나 갈망의 대상이었고 또한 유행이 될 수 있었던, 흔치 않은 시대였다(전문 지식이나 학자가 냉소와 야유의 대상이 되고, SNS에서 뭇매를 맞거나 악성댓글에 시달리는 시대가 오리라고, 당시에는 그 누가 상상이나 했을까).

〈에피스테메〉를 출판한 곳으로서 아사히출판사의 이름을 안 것은 그때였다. 아사히신문과 이름은 비슷하지만 별개의 회사이고 아사히신문과 색채도 완전히 달랐다. 이 출판사는 70년대 후반 일찌감치 프랑스의 철학자 질 들뢰즈와 펠릭스 가타리를 소개했고, 80년대에 유행하게 되는 뉴아카데미즘을 앞서 다뤘다. 그런가 하면 수학, 의학, 생물학, 과학론 등의 영역도 다뤘다. 잡지를 나란히 꽂아두면 책등의 빨강과 파랑과 보라색이 무지개처럼 걸리도록 디자인되어 있었다. 스기우라 고헤이의 디자인에는 신비한 '힘force'이 있다. 뭔지 잘 모르겠지만 가슴을 두근거리게 하는 그 무언가가. 순진했던 나는 바로 감염되었다.

그리고 앞 장에서도 언급한 렉처북 시리즈. 대담자들의 면면과 제목의 위엄이 대단했다. 이타미 주조가 편집한 〈모노클MONONCLE〉이라는 별난 잡지도 간행되었다. 하지만 왜인지 그리 오래가지 못했다. 지금도 내 책장 어딘가를 뒤져보면 창간호가 나올 것이다. 어쩌면 프리미엄이 붙을지도 모르겠다.

이런 현학적인 잡지나 책을 잇따라 출간하면서 동시에 진지한 영어교육서도 만들었다. 내가 구입했던 것은 에드워드 사이덴스티커와 마쓰모토 미치히로가 쓴 《일미구어사전日米口語事典》이었다. 읽는 재미가 있는 영어사전을 처음으로 발견했던 책이다.

훗날 나는 《생물과 무생물 사이》라는 책을 쓰게 되는데 거기서 과학사에서 획기적인 업적을 남겼음에도 불구하고 세간의 평가(예를 들면 노벨상)를 충분히 받지 못한 채 잊혀간 인물들을 생각하며 그들의 열전을 썼다.

예를 들면 유전물질의 본체가 당시 사람들이 굳게 믿고 있던 단백

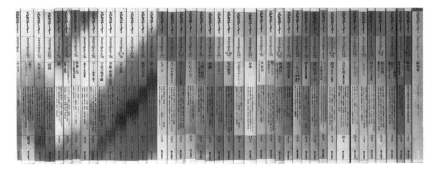

잡지 〈에피스테메〉의 책등 디자인

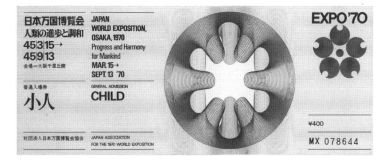

1970년 오사카 엑스포 입장권

질이 아니라 DNA라는 사실을 규명한 오즈월드 에이버리와 같은 인물 말이다. 일본 속담에 조력자를 뜻하는 '툇마루 밑의 장사縁の下の力持ち'라는 말이 있는데 좀 더 세련된 표현은 없을까. 나는 《일미구어사전》을 찾아보았다. 그러자 거기에 이렇게 쓰여 있는 게 아닌가.

'He's doing an excellent job though he isn't getting any credit. 이라고 설명을 곁들여 번역하는 편이 무난할지도 모르겠으나 역시 이런 문장은 재미가 없다'라고 하며 'unsung hero'라는 단어를 소개하고 있었다. 칭송받지 못한 영웅. 정말 딱 들어맞는 표현 아닌가. 이걸 기억해두었던 나는 'unsung hero'를 내 책에 차용하기로 했다(한국어 번역본에는 '칭송받지 못한 영웅'과 '이름 없는 영웅' 두 가지 표현으로 번역되어 있다-옮긴이). 어떤 표현은 누군가의 마음에 오랫동안 남는다. 《일미구어사전》은 이렇게 맛이 살아 있는 사전이었다.

아, 잠깐 생각난 일이 있다.

아주 최근(2020년)에 나는 오사카 엑스포 2025의 테마관 프로듀서 중 한 명으로 선출되었다. 2025년에 오사카·유메시마 지구에서 개최되는 국제박람회의 테마관 중 하나인 '생명을 알다いのちを知る' 파빌리온을 기획, 입안하는 역할이다.

나는 원래 위원이라든가 무슨 무슨 장이라든가 프로듀서 같은 위치가 어색하다. 상황을 조정하거나 다른 의견을 집약하거나 리더십을 발휘하는 게 너무 어렵다. 차라리 혼자 자유롭게 벌레를 쫓아다니고 싶은 유형의 사람이다.

내 생각은 그러했지만, 엑스포 2025의 공통 주제는 '생명이 빛나는 미래 사회 디자인'이다. '생명'이다. '생명'이 지니는 오늘날의 의미를 생물학적 입장에서 꼭 생각해주었으면 좋겠다는 요청을 받고 수락하기로 했다. 우리 세대는 1970년에 같은 오사카 지역에서 개최된 엑스포에 큰 영향을 받은 세대이기도 하다. 그렇기에 은혜를 갚는다는 의미도 있었다. 그때도 1964년에 도쿄 올림픽이 있었고, 그 뒤 오사카 엑스포가 개최되었다. 1960년대 후반, 안보 투쟁과 도쿄대 투쟁이 있었고, 오차노미즈나 스루가다이(메이지대학교의 스루가다이 캠퍼스-옮긴이)의 대학가에는 트로(게바)지(시위에 주로 사용하던 글자의 모서리를 강조한 각진 글씨체. 스탈린주의에 반대한다는 의미로 '트로츠키Trotsky'와 글자를 뜻하는 일본어의 '지字'를 합성해 '트로지ト口字'라 부르기도 했고, 폭력을 뜻하는 독일어의 '게발트Gewalt'와 합성해 '게바지ゲバ字'라 부르기도 했다-옮긴이)로 쓴 피켓이 즐비했고, 도쿄의 하늘에는 언제나 헬리콥터가 시끄럽게 돌고 있었다. 하지만 열 살짜리 소년에게는 윗세대가 무엇에 대해 그렇게 화가 났는지 이해되지 않았다. 오히려 신칸센이 개통되고 아폴로가 달에 가고, 미래 도시가 구현된 오사카 엑스포에서 무한한 희망을 느꼈다.

나는 부모님을 졸라 도쿄를 벗어나 봄과 여름, 두 번이나 엑스포에 갔다. 인파가 어마어마했고 모든 파빌리온이 장사진을 이루고 있었다. 한 번만으로는 도저히 보고 싶은 걸 다 볼 수 없었기 때문이다. 가장 가까운 역에서 만원 버스를 타고 센리구릉의 대나무숲을 빠져나가니 맞은편에 세련된 건물과 첨탑, 돔형 건물들의 스카이라인이 마치 신기루처럼 떠올랐다. 내 흥분은 극에 달했다. 최근 이 얘기를 지인에게 했더니 "그건 후쿠오카 선생이 부잣집 도련님이었으니까 그런 거예요. 두 번이나 보내주다니, 굉장한 사치라고요. 만화 《20세기 소년》을 봐요. 엑스포에 가고 싶어도 갈 수 없었던 소년이 갔다 왔다고 거짓말을 하잖아요"라고 했다(우리집은 부자가 아니고 평범한 회사원 집안이었다).

오사카 엑스포에서 가장 인기가 있었던 것 미국관이었다. 그것은 미래의 도쿄돔을 표현한 듯한, 새하얀 공기막 구조로 덮인 타원형의 거대한 건축이었다. 내부에는 기둥도 없고, 당시의 우주공학의 정수가 결집된 설계였다(유리섬유와 와이어로프만으로 지붕을 지지하고, 내부의 공기압으로 구조물을 팽창시켜 많은 양의 눈이 내려도 지탱할 수 있도록 했다). 그리고 내부에서 가장 주목받는 전시는 그 전해에 아폴로 8호가 달 표면 착륙에 성공하여 가져온 '월석'이었다. 이 월석은 갈색의 용암 같은 광물인데, 지지대인 유리 케이스 안에서 찬연하게 빛나고 있었다. 인류가 지구 이외의 천체에서 가져온 최초의 샘플. 내 몽상은 우주 저 너머로 확대되어갔다.

2025년의 상황은 어떨까? 앞날을 전혀 짐작할 수 없는 오늘날이지만 '생명을 알다'라는 것은 코로나-19 문제를 포함해 인류 문명이 앞으로 향해야 할 미래의 각도를 가늠하는 중요한 테마다. 이번에 내가 갈라파고스 제도 여행을 결심한 것도 생명을 알고, 생명 현상을 내 눈으로 직접 확인하고 싶었기 때문이다.

오카모토 타로(일본을 대표하는 아방가르드 화가이자 현대 미술 작가–옮긴이)는 인류의 진보와 조화를 약속하는, 밝은 미래를 상징하는 파빌리온이 즐비한 오사카 엑스포 전시장 한가운데에, 단게 켄조(전후 일본 건축을 상징하는 대표적인 건축가–옮긴이)가 설계한 대형 지붕의 정중앙을 뚫고 나가는, 미래를 역행하는 듯한 조몬적(조몬은 기원전 15세기~기원전 10세기의 일본 신석기 시대를 말한다–옮긴이)이고 주술적인 힘을 발휘하는 '태양의 탑'을 제작했다. 오카모토 타로 특유의 오사카 엑스포에 대한 안티테제였다. 하지만 그는 태양의 탑 내부에 또 하나의 탑을 설치해두었다. 바로 '생명의 나무'다. 생명의 나무에는 38억 년의 생명 진화의 흐름이 (지금 생각하면 다소 작은 삼엽충이나 암모나이트가) 부착되어 있었다. 오카모토 타로도 생명의 시간축을 생각하고 있었던 것이다.

'생명을 알다'와 관련해 생각할 때, 지금 가장 필요한 것은 어쩌면 AI에 의한 최적화나 알고리즘적 사고, 즉 로고스로 과도하게 편향된 세계관과 생명관이 아니다. 그보다는 지금 다시 한번, 생명이 본래 지닌 잠재적인 약동성, 말하자면 피시스의 방향으로 패러다임 전환을 하는 것이다. 갈라파고스 여행의 최대 목적도 이 문제에 대해 생각하는 데 있다.

그건 그렇고 내가 떠올렸다는 건 이런 것이다.

나는 물건을 잘 간수하는 편이라 50년 전 1970년에 오사카에서 개최된 엑스포 입장권을 지금도 보관하고 있다. 당시, 뭐든 다 모았던 나는 곤충이나 우표, 동전 수집과 더불어 엑스포 자료도 소중하게 보관하고 있다. 이번 2025년 오사카 엑스포의 프로듀서를 맡게 되면서 생각이 떠올라 그것들을 꺼내 보았다(37쪽 참조. 참고로 요금은 어른 800엔, 어린이 400엔이라고 쓰여 있다).

입장권은 지폐 정도 크기의 종이인데 지금 다시 보아도 멋지다. 오른쪽 위에 새겨진 꽃잎 다섯 장짜리 벚꽃 모양이 오사카 엑스포의 심볼마크였다. 이것은 당시 일본을 대표하는 그래픽 디자이너였던 가메쿠라 유사쿠의 디자인이다(일본관 건물도 이 디자인대로 배치되어 있었다). 입장권 중앙에 있는 것은 가는 곡선이 눈 결정처럼 파문을 그리며 넓어지는 신비로운 기하학 모양이었다. 보고 있노라면 빨려 들어가는 기분이 든다. 현미경으로 세포를 들여다볼 때, 미시적인 소우주로 끌려드는 듯한 감각. 나는 그 모양을 기억하고 있었다. 그 로고는 무려 스기우라 고헤이의 디자인이었던 것이다. 물론 당시 내가 스기우라라는 이름을 알았을 리 없다. 하지만 그 문양을 보고 열 살짜리 소년이 얻은 감각은 그로부터 10년 후 〈에피스테메〉의 표지를 보았을 때 다시 한번 떠오르게 된다. 점은 이런 식으로 예기치 못한 형태로, 시간을 초월해 서로를 연결해간다.

나중에 안 일인데 아사히출판사는 진보초에서 작은 어학 출판사로 출발했다. 어학을 중심으로 했던 이 회사가 1970년대 들어 사상, 철학, 과학, 예술로 화려하게 영역을 확장한 것은 역시 참신한 잡지 〈에피스테메〉를 간행한 덕이 크다. 출판인의 가치가 새로운 필자 발굴에 의해 좌우된다면 〈에피스테메〉는 그 부화기의 역할을 했다. 그리고 이 부화기를 만든 것이 나카노 미키타카라는 편집자였다. 유감스럽게도 나는 그와 직접적인 면식은 없다. 하지만 그가 만든 조류를 타고 성장한 나는 그가 어떤 인물이었는지 아주 잘 아는 것 같은 기분이 든다. 〈에피스테메〉를 비롯해 렉처북, 〈모노클〉을 간행했고, 원래는 다케우치서점에서 〈파이데이아パイデイア〉를, 세이도샤에서 〈현대사상〉을 만들었다. 즉, 새로운 것을 좋아하는, 그리고 뼛속까지 철학에 몰입되어 있는 사람이었다. 아사히출판사라는 자유로운 장소를 얻은 그는 그야말로 뿌리 줄기처럼 자유롭게 뻗어나갔다. 하지만 그는 단순히 철학에 빠져만 있었던 게 아니라 혜안이 있었다.

그가 만든 것에는 분명히 새로운 지知가 충만했다. 한 시대에 획을 그었다 해도 좋으리라. 렉처북의 표지가 이를 상징적으로 말해준다. 형형색색의 지知가 지층처럼 겹겹이 쌓여 판구조론의 대륙이동 지도처럼 충돌한다. 판과 판이 만나는 장소에 진화의 최전선인 갈라파고스 제도가 출현했다. 이처럼 다른 지知가 만나는 계면에 열점이 잇따라 출현했다. 그 열에 우리 젊은이들이 감응한 것이다.

참고로 렉처북의 이 디자인은 스기우라 고헤이가 아니라 기요시 아와즈가 했다. 건축에서 출발한 기요시 아와즈의 디자인도 참으로 독특했다. 귀재라 할 만하다. 바움쿠헨(원통처럼 생긴 독일식 케이크로 여러 켜로 바르면서 굽기 때문에 절단면이 나이테와 유사하다—옮긴이)처럼 겹겹의 동심원 모양을 한 선과 주장이 강한 색. 기하학적인 질서를 지니며 현대 미술 같은 자유분방함을 발한다. 아무튼 아사히출판사의 책은 장정이 두드러지게 뛰어났다(이렇게 최첨단의 디자이너들에게 아낌없이 발주를 했는데 잡지와 책이 손해를 보지는 않았을까? 당시의 출판 문화가 건강했다는 의미일 것이다).

하지만 렌즈의 초점이 맞으려면 아직 시간이 필요했다.

10년도 더 된 일이다. 진보초의 산세이도 서점 뒤쪽으로 쇼와 시대의 분위기가 풍기는, 전에는 가게였던 집들이 남아 있는 곳이 있다. 그중 한 집이 고풍스러운 바bar로 개업을 했다. 바의 이름은 '인어의 슬픔人魚の嘆き'. 다니자키 준이치로의 단편소설 제목을 따온 데서 알 수 있듯이 이곳은 작가나 편집자, 출판 관계자들이 모이는, 이른바 문단의 바였다. 미닫이문 너머에는 바로 좁은 L자형 카운터 테이블이 있었는데 언제 들여다보아도 손님들로 북적북적했다. 즉, 집에 가고 싶지 않거나 집에 가도 있을 곳이 없는 남자들이 모이는 곳이 되어갔다. 가게 안은 어두웠고, 담배 연기인지 사람들의 입김인지 모르지만 늘 부옇고, 또한 소란스러웠다. 밀집, 밀폐, 밀접. 집단 질병이 발생하기 쉬운 곳으로서 기피 대상 1순위가 될 만한 곳이었다.

나는 요미우리 신문의 문예기자 U가 끌고 가는 바람에 이곳을 알게 되었는데 그 후로 이따금 들리게 되었다. 나 역시 집에 들어가고 싶지 않은 남자 중 한 명이었던 것이다.

어느 날, 먼저 온 손님과 손님 사이에 자리를 잡고 앉자 옆에 앉은 사람이 명함을 내밀었다. 거기에는 '아사히출판사 아카이 시게키'라고 쓰여 있었다. 순간, '그 유명한 아카이 씨가?' 하고 느낌이 왔다. 당시, 정통 학자에서 어중간한 글쟁이로 전락 중이던 나는 책이라는 것이 누구에 의해 만들어지고 있는지, 그 세계의 시스템을 어렴풋이 깨닫던 시기였다. 책은 작가가 만드는 게 아니라 다른 사람에 의해 만들어진다. 작가를 발굴하고, 치켜세우고, 달래고, 얼러서 글을 쓰게 하는 사람. 이 세계에는 이런 일이 존재하고, 사실은 그런 사람들이 책을 만들고 있었다. 이것이 편집자라는 직업이다.

아카이 씨는 그런 편집자 중의 편집자, 즉 스타 편집자였다. 스타 편집자에게는(편집자의 이름은 모르더라도) 누구나가 아는 베스트셀러가 있고, 누구나가 아는 저자를 탄생시켰다는 훈장이 있다. 아카이 씨는 일본학술회의 문제(2020년 스가 내각총리대신이 일본학술회의가 추천한 회원 후보 가운데 일부를 임명하지 않은 문제. 현행 임명 제도로 바뀐 2004년 이래 일본학술회의가 추천한 후보를 임명하지 않은 초유의 사건-옮긴이)로 일약 유명인이 되었지만 독서계에서는 전부터 유명했던 가토 요코 도쿄대 교수의 명저 《그럼에도 일본은 전쟁을 선택했다》

그리고 같은 대학 이케가야 유지 교수의 베스트셀러《교양으로 읽는 뇌과학》을 제작한 편집자다. 이 책들은 모두 강의 형식으로 만들어졌다. 저자가 우수한 젊은 상대에게 열강하는 방법론이다. 전자는 사립 남자 중고등학교인 에이코학원 학생들을 대상으로, 후자는 뉴욕에 있는 게이오아카데미 학생들을 대상으로 한 강의였다. 그리고 그 현장감이 독자에게 직접 전달되어 대단히 효과적인 성공을 거두었다.

왜 강의일까? 그것은 당연하며 필연이었다. 아카이 시게키가 바로 아사히출판사에서 과거 렉처북을 기획한, 그 유명한 나카노 미키타카의 정통을 잇는 후계자였기 때문이다. 이뿐만이 아니다. 아카이 씨에게는 편집자로서 또 하나의 대단한 훈장이 있다. 우는 아이도 뚝 그친다는《산타페Santa Fe》가 바로 그것이다. 미국 뉴멕시코주의 산타페에서 시노야마 기신(일본의 유명 사진작가-옮긴이)이 여배우 미야자와 리에의 사진을 촬영했다. 당시의 미야자와 리에는 인기 절정이었다.

산타페는 사막 한가운데 생긴 고도古都이며 히피들이 모여든 예술의 도시, 사진가들의 성지이기도 했다. 멕시코에서 그리 멀지 않은 산타페는 미국에서도 가장 오래된 도시 중 하나로 이탈리아 아시시의 성 프란치스코에 버금가는 성지로 여겨졌다.

아카이는 비밀리에 촬영팀을 꾸리고 철저히 은밀하게 행동했으며 인쇄, 제본 공정에도 철저히 함구령을 내렸다. 최고의 극적인 출간을 연출하기 위해서였다. 아사히출판사 내에서도 이 사실을 아는 사람은 하라 마사히사 사장과 아카이 씨 외에는 거의 없었다.

출간 1개월 전, 전국지에 일제히 전면 광고가 실렸다. 《산타페》는 순식간에 밀리언셀러가 되었고, 사회 현상이 되었다. 붉은 대지, 오래된 벽돌집이 즐비한 거리, 인상적으로 조각된 나무 문 너머로 미야자와 리에의 새하얀 나체가 빛나던 커버를 기억하는 사람이 여전히 많다. '사진집이란 이런 것'이라는 상식에 일대 변혁을 일으켰다.

내가 왜 아카이 씨에 대해 이 정도까지 알고 있느냐 하면 그가 만든 서적의 존재는 물론이고, 스가쓰케 마사노부(일본의 유명 작가이자 편집자―옮긴이)의 《도쿄의 편집東京の編集》을 읽었기 때문이다.

이 책은 '편집자는 대체 무슨 일을 하는 직업입니까'라는 질문에 아주 명쾌한 해답을 제시한, 획기적인 책이다. 일본의 소년 소녀들에게 장래 희망 직업을 물을 때 '편집자'는 가장 떠오르지 않는 직업 중 하나가 아닐까. 하지만 사실 '편집자'는 소년 소녀들에게 가장 많은 꿈을 심어주는 직업이라는 점을 알려주는 책이기도 하다(단, 이는 출판문화가 화려하게 꽃피었던 시절의 이야기이고 포스트 코로나 시대에 어떻게 될지는 알 수 없다. 지금, 종이책과 잡지의 미래를 자신 있게 제시할 사람은 그 누구도 없으므로).

《도쿄의 편집》은 말하자면 스타 편집자 열전이다. 당사자 인터뷰는 물론 그들이 만든 책이 소개되어 있다. 이 중에 아카이 시게키의 화려한 이력과 그 뒷이야기가 소개되어 있었는데, 나는 이 책을 마치 눈부신 무언가를 보는 것 같은 기분으로 읽었다.

이 책에는 아카이 시게키 외, 겐토샤(일본의 대형 출판사—옮긴이)를 세운 겐조 토오루, 〈올리브Olive〉와 〈앙앙an·an〉의 황금기를 구축한 요도가와 미요코, 〈브루투스BRUTUS〉와 함께 시대를 질주한 오구로 카즈미 등 기라성 같은 스타 편집자를 다루고 있다. 거기에는 물론 엮은이 스가쓰케 자신의 뜨거운 존경심이 담겨 있기도 하다.

어느 날, 베스트셀러가 탄생한다. 하지만 사실 그것은 저자가 탄생시킨 게 아니다. 저자는 시대에 기록된 것이다. 아니, 좀 더 직설적으로 말하자면 저자는 시대를 읽은 편집자에 의해 움직여진 것이다. "제가 가장 원하는 것은 상대가 가장 드러내고 싶어하지 않는 것이므로 그것을 포착해 작품화합니다." 이리하여 겐조 토오루는 고 히로미(일본의 가수 겸 영화배우—옮긴이)의 《대디ダディ》를 세상에 내놓았다.

혹은 편집자는 등과 등을 맞댄 채 관계없는 척하고 있는 것들 사이에 반응을 일으키는 촉매 역할을 한다고도 할 수 있다. 촉매는 화학반응을 일으켜 반응 생성물을 만들지만 촉매 자체는 변화하지 않는다. 촉매는 그 무엇도 될 수 없다. "편집자는 그 누구라도 될 수 있어요. 반면, 누구도 될 수 없죠." 요도가와 미요코는 이렇게 자신을 감춘다.

사람을 북돋우고, 사람을 사랑하고, 사람을 유혹한다. 편집자는 이런 식으로 시대를 만든다. "그러니까 사람이 산다는 건 결국 모든 게 거짓이잖아요. 그건, 잘 속고 잘 속이지 않으면 재미가 없어요."

오구로 카즈미는 〈브루투스〉를 거쳐 아프리카 케냐의 대초원이 내려다보이는 고지대에 호텔을 짓고, 환경잡지 〈소토코토ソトコト〉를 만들고, '슬로푸드'와 '로하스' 같은 단어를 유행시켰다. 이 모든 게 거짓이란 말인가?

사실 오구로 씨와는 끊으려야 끊을 수 없는 인연이 있다. 학자로 진지한 삶을 살아온 내가 한눈을 팔도록 교사한 것이 바로 그였다. 어느 날, 교토대학교 연구실로 전화가 걸려왔다. 지금 생각하면 마치 사기 전화 같은 거였는데, 연구가 잘 풀리지 않아 학자 생활에 권태를 느끼고 있던 나는 그 감언이설에 쉽게 넘어가고 말았다. 그 자리에서 내게는 이제 갓 창간한 신생 잡지 〈소토코토〉에 정기 집필할 기회가 생겼다. 이것이 작가로서의 내 첫걸음이었다. 학계에서 슬쩍 한 발을 빼는 것은 곧 상아탑이라는 감옥에서 나를 구출하여 눈앞에 다른 세상을 펼쳐 보이는 일이기도 했다. 그건 마치 표류 끝에 갈라파고스 제도에 발을 디딘 고독한 생물이 맞닥뜨린 광경 같은 것이었다. 나는 무엇을 잃고, 무엇을 얻었는가. 적어도 이 말은 할 수 있다. 나는 새로운 위치를 얻었다고.

그런 의미에서 나를 세상으로 내보내준 것은 편집자 오구로 카즈미였다. 갈라파고스에 상륙한 거북이가 그곳에 있던 선인장 열매를 먹을 수 있었듯이 그는 내 생명의 은인이다. 오구로 카즈미는 겐조 토오루와 나이가 같다. 동시대를 함께 헤쳐나왔다. 둘 다 젊은 날 대형 출판사에서 뛰쳐나와 자신들만의 출판사를 차렸다. 겐토샤와 기라쿠샤. 두 출판사는 동지이고 경쟁자이며 동시대인이기도 했다(두 회사 모두 '샤社'로 끝나는 것까지 닮았다. 그리고 보니 '샤'로 끝나는 회사는 개성 있는 곳이 많다. 고샤쿠샤라든가 푸네우마샤 같은. 그리고 물과 기름이기도 했다. 스타일과 철학이 완전히 다르다고 할 수 있을 정도다. 오구로 카즈미에 대해서는 또 자세히 다룰 기회가 있을 것이므로 할 이야기가 참 많지만 남겨두자. 지금, 이곳에서 할 이야기는 아니다).

자, 한참 샛길로 빠졌다. 아카이 시게키와 인사를 나눈 술집 '인어의 슬픔'으로 돌아가자. 둘 다 한잔하면서 이야기를 나눴기에 기억이 선명하지는 않지만 '언제가 연이 닿는다면 같이 책 한 번 만듭시다'라고 제안을 받았던 것 같다. 기뻤다. 천하의 아카이다. 하지만 그 말은 결국 실현되지 못했다. 렌즈의 초점이 맞으려면 아직 조금 더 시간이 필요했다.

나카노 미키타카도, 그 후 아카이 시게키도 아사히출판사를 떠났다. 어떤 사정이 있었는지 나는 알지 못한다. 끝나는 곳에서 시작이 있었겠지. 편집자는 지극히 개인적인 일을 하므로 어디서든, 어떻게든 할 수 있다. 하지만 그들은 누구도 될 수 없다. 촉매이므로.

글을 쓰고, 글만으로 자신의 거처를 만들어낸다. 그건 대단한 일이다. 편집자는 그 대단한 일을 자신이 직접 하지 않고 다른 사람에게 하도록 하는 (교활한) 직업이다. 때문에 다양한 수법을 부릴 줄 안다. 그리고 거기에는 자연히 우열이 생긴다.

조금 잘난 체를 하는 것 같지만 지금부터 글 쓰는 사람 입장에서 몇 마디 해보자.

가장 좋지 않은 유형이랄까, 작가에게 의욕을 불러일으키지 못하는 유형은 "○○와 비슷한 책을 만들어봅시다"라고 제안하는 유형이다. ○○에는 그 작가가 쓴 책 중에 나름 팔린 책 이름이 들어간다. 내 경우를 예로 들면 《생물과 무생물 사이》라고나 할까. 작가는 혼신을 다해 작품을 쓴다. 작품에 모든 것을 쏟아붓는다. 그리고 그때만의 에너지라는 게 있다. 그래서 '비슷한' 것은 이제 쓸 수 없다. 인생작은 2개일 수 없다. 두 번째는 언제나 빛바랜 하찮은 것일 뿐이다.

두 번째로 좋지 않은 유형이랄까, 수월하기 때문에 작가 입장에서도 흔쾌히 승낙하기 쉬운 것은 "○○ 씨와 대담집을 만들어봅시다" 식의 유형이다. ○○에는 한창 인기 절정인 사람, 혹은 취향이나 주제가 맞는 사람이 들어간다. 내 경우라면 예를 들어 해부학자인 요로 다케시 선생과 함께 곤충의 눈으로 본 세상 이야기를 해달라는 의뢰 같은 것이다. 2~3회 대담을 수록하고 마무리는 이쪽에서 하겠다는 식이다. 수월하다는 건 이런 의미다. 그리고 '이쪽'이라는 말에도 복잡한 의미가 함축되어 있다. 편집자가 정리하는 게 아니라 그런 일에 능숙한 작가에게 하청을 주는데, 녹음을 하거나 두 저자의 작품에서 요령 있게 인용하면 끝이다. 여기서도 편집자는 교활하다. 물론 완성된 책은 나름대로 쉽고 재미난 읽을거리가 되지만 어딘가에서 들어

본 듯한, 서로가 서로를 치켜세워주고 있는 듯한, 왠지 예정된 조화로움 같은 분위기가 되기 십상이다. 그도 그럴 것이 대담자들이 자신의 노래를 가지고 나와 교대로 부르고 있으니 당연한 일이다.

이것이 만약 대립이나 논쟁, 토의나 비판을 포함한 진검승부가 되면 아마도 갑자기 재미있어질 것이다. 하지만 그렇게 되면 대담자 입장에서는 더 이상 전혀 수월하지 않다. 목숨을 걸게 된다. 혼자서 멋대로 쓰는 것보다 더 큰 에너지가 필요하다. 필사적으로 대담자의 책을 읽고, 의문점을 찾아내고, 토론거리를 준비하지 않으면 안 된다. 나는 한 번, 교토학파의 시조 철학자인 니시다 기타로의 생명론을 놓고 철학자인 이케다 요시아키 선생과 대담(사실 피 튀기는 격투에 가까운)을 한 적이 있는데, 너무나 힘이 들었다. 좀처럼 깔끔하게 이해가 되지 않았고 토론은 지지부진했다. 상대의 말을 이해하지 못하는 것이다. 전혀 이해하지 못했다. 다람쥐 쳇바퀴 돌기였다. 이 토론은 도저히 안 되겠다 싶은 생각에 도중에 둘 다 포기하려 했던 적이 한두 번이 아니다. 대담만 1년 이상이 걸렸고, 그것을 책으로 엮는 데만 1년 이상이 걸렸다. 다만, 그때 대담을 정리한 이는 프리랜서 작가가 아니었다. 철학과 출신의 편집자가 대담의 모든 현장에 동석하여 신음하면서도 전부 자신의 손으로 정리해주었다. 그래서 어떻게든 형태를 갖추게 되었다. 때로는 교활하지 않은 편집자도 있다.

이런 연유로 대담집은 낮은 곳으로 흐르면 형편없는 게 되고, 높은 곳을 바라보면 그 언덕길은 갑자기 험해진다. 대담 형식의 책은 작가 입장에서는 그다지 내키지 않는 제안인 것이다(말은 이렇게 하면서 대담집을 몇 권이나 내고 말았지만).

이런 점에서 렉처북은 훌륭했다. 대담이 예정된 조화로움으로 끝나버릴 수도 있는 친구들끼리 묶지 않고 일관되게 늘 전문가 대 문학가, 혹은 다른 분야들 간의 대결 구도로 만들었다. 전문가의 지知 혹은 그 지가 지향하는 방향을 문학가가 자신의 문학적인 상상력을 발휘해 경청하고, 솜씨 좋게 이끌어낸다. 이런 시도는 대부분의 경우 매끄럽지는 않아도 성공을 거두었다.

지금은 왜인지 이렇게 하기가 아주 어려워졌다. 토론이라는 것 자체가 기피되고, 또 있다고 해도 SNS상의 싸움처럼 시종일관 기선 제압이나 말꼬리 잡기로 이어지고, 지쳐 잠자코 있으면 침묵하는 쪽은 도망자가 되고, 말꼬리를 잡은 쪽이 토론의 승리자가 된다.

그리고 전문가의 전문지식이 과도하게 세분화되고 있는 것도 이유일지 모르겠다. 전문가에게 자신의 전문 분야를 중심으로 한 전체상을 보여주는 문학적(혹은 문과 계열) 소양이 사라졌다. 자신의 연구에 사상사적인 위치를 매기고, 현대적 의미를 부여하지 못하는 것이다. 동시에 이야기를 듣는 쪽인 문학가 역시, 과도하게 세분화되었다. 하지만 그 세분화된 전문가로 하여금 내재된 내용을 이야기로 풀어내게 하는 분석력과 상상력 또한 사라지고 있는 것도 문제다.

그렇다면 글을 쓰는 이에게 의욕을 불러일으킬 만한 제안이란 어떤 것일까? 그것은 한마디로 쓰는 이가 줄곧 원해온 것을 실현시켜

주는 제안, 혹은 과거에 기회를 놓쳤거나 미완의 것을 다시 한번 형태화해주는 제안이다.

내가 전부터 하고 싶었던 일, 기회를 놓쳤던 일. 그것은 갈라파고스에 가고 싶다는 것, 오로지 그것 하나뿐이었다. 생물학에 뜻을 둔 자의 성지. 평생 한 번이라도 좋으니 직접 보고 싶다는 것. 하지만 물론 이런 기획이 그리 쉽게 결정될 리 없다. 어쨌든 이 출판 불황의 시대에 책을 만든다는 건 힘든 일이다. 재탕한 책이나 대담집 출간이 줄을 잇는 것은 첫째, 비용이 저렴하기 때문이다. 아무리 작가가 가고 싶다고 해도 네, 그러시지요, 하고 갈라파고스에 취재 여행을 보내줄 만한, 그런 대담한 출판사가 있을 리 없다.

책을 만들 때는 손익분기점을 엄밀하게 계산하지 않으면 사내 품의를 통과하지 못한다. 즉, 이런 내용의 책이라면 이 정도의 비용을 들여 이 정도 부수가 판매되면, 일단은 손해는 되지 않는다는 분기점을 제시해야 하는 것이다. 대개 일반적인 책(즉 작가 원고료와 통상적인 제본, 인쇄비가 소요되는 책)이고 정가가 1,500엔이라면 6,000부, 뭐 이런 느낌이랄까.

신서新書(휴대가 간편한 문고본보다 세로로 조금 더 길쭉한 판형의 책으로 일본에서 전문서나 학술서, 실용서 등 다양한 분야의 입문서에 사용되는 판형 — 옮긴이)처럼 자주 출간되는 책이라면 장정 포맷이 정해져 있기 때문에 여분의 경비가 들지 않는 만큼 할당 권수를 소화해주어야만 한다. 그러므로 타이틀 수와 제작 기간이 중요해진다. 매월 일정량의 간행 수를 유지하지 못하면 신서로 빼곡한 서점 서가에서 자사 코너를 유지할 수 없는 것이다. 그리고 책이라는 것이 참 신기해서 일단 만들고 출간해서 서점에 진열만 하면 그로써 '매출'이 된다. 팔리지 않아도 매출이다. 즉 회계상으로는 판매처(출판사)의 수익이 된다.

그런데 반년 정도 지나도 매대에서 판매되지 않는 책은 서점에서 출판사로 반품 처리된다. 그러면 그 시점에서 '매출'이 취소된다. 그러므로 그만큼 다시 새로운 책을 출간하여 '매출'을 올리지 않으면 안 된다. 즉, 출판업은 자전거 조업인 셈이다. 자전거는 계속 달리지 않으면 쓰러지고 만다.

그런데 이조차도 어디까지나 일반적인 책에 해당하는 이야기다. 나를 갈라파고스에 보내고, 배를 빌리고, 승무원을 임시고용하고, 현지 통역사와 가이드를 고용하면 경비는 순식간에 눈덩이처럼 불어난다. 여행 경비 역시 오키나와 여행 수준이 아니다. 남아메리카도 아니고 그 너머 바다 위에 있는 갈라파고스다. 그리고 글을 쓸 나만 가는 게 아니라 사진작가 외 제작진들의 경비도 필요하다. 이렇게 경비가 소요되는 책의 손익분기점은 대체 어디일까? 그야말로 《산타페》만큼 팔리지 않으면 원금 회수는 불가능하다. 물론 내게는 미야자와 리에와 같은 젊음도, 에로스도, 자본도 없다.

이런 내 갈라파고스 여행기를, 이런 이야기라도 재미있게 읽어주는, 책을 좋아하는 당신의 손 위에, 그저 종이책 단행본으로만이 아니라 인터넷을 포함해 다양한 형태로 전하고 있는 것은 이런 사정이 있기 때문이다. 말하자면 독서의 새로운 형태를 시도하려는 것이다.

아사히출판사의 편집자, 니토 테루오 씨가 종종 내가 있는 곳으로 출몰하기 시작한 것은 앞서 이야기한 텔레비전 프로그램으로 기획된 갈라파고스 여행이 무산된 지 꽤 한참 지나서였던 걸로 기억한다. 그는 내 강연이나 독서 이벤트, 혹은 신간 사인회 등에 와주었고, 현장에서는 왔다는 내색을 하지 않아 모르다가 행사가 끝나면 다가와 "아, 오셨군요", "네" 이런 식으로 두세 마디 짧은 대화를 나눈다. 최근에 재미있게 읽었다는 책을 주고 간 적도 여러 번 있었다. 자신이 일하는 출판사의 간행물이 아니라 순수하게 본인이 책방에서 발견한 재미있는 책들인데 언제나 살짝 특이한 것들이었다. 현미경 키트가 동봉된 소년 소녀 독자용 학습 잡지나 헤라클레스왕장수풍뎅이 모형을 준 적도 있다. 풍모는 뭐라면 좋을까, 〈게게게의 키타로ゲゲゲの鬼太郎〉(미즈키 시게루의 일본 요괴 애니메이션—옮긴이)에 나올 것 같은 생기 없고 인상이 흐릿한 인물이었다(죄송합니다). 앞에서도 썼듯이 나는 사람의 얼굴과 이름과 소속을 잘 기억하지 못하는 편이라 니토 씨의 윤곽에 렌즈의 초점이 맞지 않았다. 몇 번이나 이벤트에 발걸음을 해주었고, 명함도 받았는데 대단히 실례지만 늘 이 사람, 어디선가 본 적이 있는데 싶은 정도의 느낌이었다.

하지만 점점 기억하게 되었다. 이 사람은 바로 그 아사히출판사의 그 독특한 문화 노선을 잇는 스타 편집자였던 것이다. 나카노 미키타카나 아카이 시게키 못지 않은, 묘한 자력磁力을 지닌 편집자다. 나중에 그 자력의 발생원을 알고 나니 모든 게 이해되었다.

어느 날, 나는 이 책의 편집 협상을 위해 집을 나섰다. 여기가 니토 씨 방입니다. 문이 열렸다. 갑자기 튀어 들어온 풍경에 나는 현기증이 났다. 그리고 감탄의 소리가 절로 나왔다. 대, 대단하다. 뭐라 형용하면 좋을까? 모든 벽, 모든 책상, 모든 바닥, 모든 곳에 책이 산적해 있었다. 아니, 어질러져 있었다. 비디오와 DVD 케이스 같은 것들이 빼곡히 들어차 있기도, 쓰러져 있기도 했다.

작은 헌책방 하나 정도는 되어 보였다. 아니, 이건 그것들이 책꽂이에 진열되어 있다고 가정한다면 그렇다는 것이고, 이런 난잡한 모습으로는 도저히 장사를 할 수 없을 것이다. 방 자체가 그냥 쓰레기통이랄까. 다만, 그냥 버릴 수 없는 음식물 쓰레기나 컵라면 용기가 널브러져 있는 게 아니라서 악취가 나지는 않았다.

다만, 온갖 제목과 문자가 종횡무진, 가로세로와 사선으로 어질러져 있는 것이다. 마치, 스기우라 고헤이의 디자인처럼. 그 방 안쪽에 (방이 상당히 넓어서 내 대학 교수실의 두 배 정도는 된다) 니토 씨의 집무용 책상이 있는데, 그 주변도 책에 파묻혀 있어, 어디가 책상이고 의자인지 구분이 되지 않았다.

그리고 그가 이렇게 넓은 특별한 방을 사용하는 것은 중역 대우를 받고 있기 때문이 아니라, 이 무한히 증식하는 책과 혼돈의 자기장으로부터 끊임없이 방출되는 강력한 방사선을 차단하기 위해, 석관인 셈 치고 봉해놓았기 때문이었다. 하지만 정말 새로운 것, 정말 재미있는 것, 당시에는 알지 못하지만 시대를 앞서가는 것, 〈에피스테메〉나 렉처북이나 〈모노클〉로 대표되는 그런 잡다한 것으로서의 잡지적 성격은 이런 카오스 속에서 점들이 부딪혀 발화하지 않으면 탄생하지 못한다. 니토 씨가 지닌 자력의 원천은 이 방대한, 그리고 상호 간에 맥락이 없는, 무수한 점들이 때로 공명하면서 태어나고 있는 것이었다.

이런 니토 씨가 처음으로 던진 변화구는 이랬다.

"후쿠오카 선생님, 그 과외수업, 〈어서 오세요 선배ようこそ先輩〉를 책으로 만들어봅시다." 〈어서 오세요 선배〉는 아는 분도 많겠지만 NHK의 인기 프로그램이다. 다양한 분야에서 활약하고 있는 인물 (영화감독이라든가 건축가, 시인, 예술가, 배우 등)이 자신의 모교를 방문하여 학생들을 상대로 자신만의 모의 수업을 하는 기획이다. 한참 전의 일이지만 나한테도 의뢰가 온 적이 있다(다시 찾아보니 2007년 2월에 방송이 되었다). 나는 대학에서 생물학을 가르치는 선생이므로 교단에 서서 가르치는 것 자체는 일상적인 일이다. 하지만 〈어서오세요 선배〉의 목적은 교과목으로서 생물학을 가르치는 게 아니라 '선배'로서 어떤 형태로든 자신만의 인생철학을 이야기해야 한다. 그것도 초등학생을 대상으로.

나는 여러 사색을 통해 도달한 내 생명관, 즉 동적평형론을 이야기하기로 했다. 아니, 내가 가진 주제는 그것밖에 없다. 생명체로서의 몸. 이것은 확고하게 내 것이라고 생각하지만 사실은 그렇지 않다. 우리의 몸은 개체個体가 아니라 오히려 유체流体다. 다양한 것들이 유입되고, 그것들이 한때, 내 몸을 형성하지만 지체 없이 흘러나간다. 그리고 생명은 이 흐름 속에 있다. 흐름 속에서 끊임없이 파괴되고 다시 만들어진다. 이 미묘한 균형이 동적평형이다. 이 동적평형이 생명으로 하여금 변화에 적응하고, 엔트로피 증대의 법칙에 저항하고, 상처를 치유하고, 바이러스와 싸우고, 질병으로부터 회복하게 한다. 그리고 우리에게 살아 있음을 실감하게 하고 시간의 감각을 준다. 무엇보다 생명을 동적으로 변화시켜 진화의 기회를 부여한다.

자, 그런데 이것을 어떻게 초등학생에게 전달할까? 나는 NHK의 제작진들과 함께 작전을 짰다. 나는 어릴 적에 지바현의 마쓰도라는 동네로 이사를 가서 역 근처 언덕에 있는 사가미다이소학교라는 곳을 졸업했다. 그래서 〈어서오세요 선배〉에서도 이 학교의 6학년 학생을 상대로 수업을 하게 되었다. 과연 NHK였다. 강사인 나, 학생들의 반응을 촬영하기 위해 좌우로 한 대씩, 그리고 전체 샷을 찍기 위해 천장에까지 카메라를 설치했다.

녹화는 1시간씩 이틀에 걸쳐서 진행되었다. 나는 미리 학생들에게 숙제를 내주었다. 지난 일주일 동안 먹은 음식, 마신 음료를 기록하게 했다. 그리고 몸무게의 변화도. 하지만 식단 내용이 중요한 것은 아니다. 중요한 건 먹은 음식의 '무게'다.

초등학생이라고는 하지만 6학년쯤 되면 식욕이 왕성하다. 하루 세 끼, 밥, 빵, 반찬. 합해서 1킬로그램은 가뿐히 먹는다. 그리고 물을 포함해 음료도 2리터 가까이 마신다. 그러므로 학생들은 지난 일주일 동안 개인차는 있겠지만 20킬로그램 정도를 마시고 먹은 셈이다. 그렇다면 학생들이 하루에 '배출'하는 것은? 나는 종이찰흙을 준비해서 모두에게 자기가 배출한 것의 모형을 만들도록 하고 무게를 측정했다. 500그램 정도. 그리고 소변 역시 개인차는 있겠지만 하루에 총 1리터 정도. 이렇게 되면 배출되는 것은 1.5킬로그램×7일이므로 약 10.5킬로그램. 먹은 음식은 20킬로그램. 그 차는 9.5킬로그램.

"여러분, 지난 일주일 동안 몸무게가 9.5킬로그램 늘었나요?"

"에이~"

"안 쪘어요."

"몰라요."

"오히려 빠졌어요."

"자, 먹은 것과 배출된 것의 차인 9.5킬로그램은 대체 어디로 갔을까요?"

"비듬이나…."

"비듬이 9.5킬로그램이나 생길까요?"

"빠진 머리카락?"

"머리카락은 그렇게 많지 않아요."

"아, 땀이다."

"음, 그럴 수도 있겠네. 하지만 땀만으로는 설명이 되지 않아요."

"뭘까."

"여러분, 심호흡을 한 번 하고 잘 생각해봅시다. 흠-, 후-, 흠-, 후-".

"아, 호흡이다."

"잘 맞췄어요."

나는 이산화탄소의 농도를 측정할 수 있는 키트를 준비해 갔다. 그 키트를 이용해 들숨과 날숨은 이산화탄소의 농도가 100배나 다르다는 걸 확인해주었다. 비닐봉투를 사용해 한 번에 뱉는 숨의 양을 측정하고, 1분 동안의 호흡 횟수를 세서 대체 하루에 어느 정도의 이산화탄소를 뱉고 있는지 계산해본다.

실험 결과 우리는 하루에 1킬로그램이나 되는 이산화탄소를 내뱉고 있다는 사실을 알 수 있다. 일주일이면 7킬로그램. 자, 점점 계산이 맞아 들고 있다.

"자, 이 날숨에 들어있는 이산화탄소는 원래 뭐였을까?"

잠시 다 같이 생각한다. 이제 답을 알 것 같다.

"우리가 먹은 음식이요."

자동차를 움직이려면 휘발유라는 연료가 필요하다. 자신의 몸을 움직이기 위해서도 연료로서 음식이 필요하고. 휘발유는 연소하면서 이산화탄소가 된다. 음식도 연소하면서 이산화탄소가 된다.

이럴 거 같지 않니? 사실은 틀렸어. 연소되고 있는 것은 사실, 우리의 몸무게야.

그래서 나는 칠판에 붙는 컬러 자석을 잔뜩 꺼내 루돌프 쇤하이머의 실험을 다 같이 재현해보기로 했다. 쇤하이머는 지금으로부터 100년 정도 전에 동위원소라는 것을 표식으로 이용해 음식의 성분과 생명체의 신체 성분이 끊임없이 교환되고 있음을 증명한 과학자야. 동적평형론의 기초를 만든 인물이지. 하지만 여기서는 그런 인물의 이름이나 학술 용어는 최대한 사용하지 않을게.

음식에 포함된 원자의 입자가 생명체의 신체로 들어가면 어떻게 되는지를 조사하는 실험을 해보자. 생명체의 신체 역시 원자 입자가 모여 만들어졌어. 원자 입자가 섞이면 어느 것이 어디로 가는지 알 수 없게 되기 때문에 음식물의 원자에 보이지 않는 방법으로 표시를 해둔단다. 이것이 동위원소라는 것인데, 오늘은 몰라도 돼.

사실은 모두 같아 보이는 노란색 자석이지만 교실의 불을 끄고, 블랙라이트(자외선)를 쏘이면 표시를 한 음식의 컬러 자석만 빛이 나도록 장치를 해두었어. 이를 이용해 음식의 원자가 끊임없이 몸속으로 들어와서 끊임없이 신체의 구성 성분이 되고, 신체의 구성 성분은 신속하게 산화되거나 분해되면서 신체에서 빠져나가는 걸 알 수 있어.

그래서 어제의 너와 오늘의 너는 몸의 원자가 다르단다. 방금 전 너와 지금의 너는 그 사이에 먹은 것으로 인해 원자가 상당히 교환되어 있어. 1년이 지나면 작년에 너를 형성하고 있던 원자는 이제 거의 남아 있지 않아. 다른 사람이 되어 있는 거야.

흔히 오랜만에 만난 사람에게 '그대로시네요'라고 인사하지만 그건 틀린 말이야. 대부분은 '너무 많이 변하셨네요'가 맞는 말이거든. 그래서 우리는 자꾸자꾸 변해도 되고, 싫은 건 잊어도 되고, 대부분은 약속 같은 것도 지키지 않아도 돼. 매일 새롭게 태어나고 있으니까 말이야.

자, 이렇게 첫날은 끝. 모두 눈빛을 반짝이며 함께 생각해줘서 고마워. 오늘 방과 후에는 각자 가까운 슈퍼마켓이나 가게에 들러 음식이 대체 어디에서 어떻게 왔는지 조사하도록 하자.

둘째 날은 이걸 발표해보자.

생선, 고기, 채소, 곡식, 버터, 조미료, 과자, 가공식품 등등…. 일본산도 있지만 다양한 지방에서 왔고, 외국산은 그야말로 아시아, 미국, 캐나다, 남아메리카, 유럽…. 음식은 온갖 나라에서 오고 있어. 이것들이 모두 우리 몸속으로 들어가서 잠시 신체를 형성하고 그리고 다음 순간에는 밖으로 흘러나가지. 자, 날숨인 이산화탄소는 어디로 갈까? 교실 창문을 통해 밖으로 나가서 교정에 있는 벚나무 잎으로 흡수가 돼. 벚나무 잎은 송충이에게 먹히고, 그 송충이는 새에게 먹히고, 새는 저 멀리 어딘가로 날아가 그곳에서 흙으로 돌아가. 흙 속에는 지렁이와 미생물들이 활동하고 있고….

다 같이 체육관으로 이동해 손을 맞잡고 이 먹이사슬의 고리를 만들도록 했다. 이제 환경이 연결되어 있다는 것, 생명 활동이 항상 배

턴 터치되고 있다는 것, 이것을 구동하는 근본적인 에너지는 태양광이라는 것을 실감해보자. 자, 이걸로 수업 끝.

내가 했지만 꽤 괜찮은 수업이었다고 생각한다. 학생들도 잘 따라와주었다. 마침 《생물과 무생물 사이》를 집필하고 있던 터라 동적평형이라는 문제의식에 흠뻑 빠져 있었기에 충분히 이야기할 수 있었다. 조금 어려운 부분이 있었을지도 모르지만 학생들은 나름대로 뭔가 얻은 것이 있었을 거라고 생각한다. 생명이란 무엇인가라는 커다란 물음에 대한 답. 먹는 행위는 곧 생명을 유지하는 것이라는 것. 나는 내가 먹은 것으로 이루어져 있다는 것. 그리고 그것이 쉼 없이 흐르고 있다는 것. 그 흐름이 지구 전체의 생명을 지탱하고 있다는 것.

아사히출판사의 니토 씨는 어딘가에서 이 프로그램을 본 것이다. 아무튼 작가의 책을 철저하게 읽는 게 편집자로서는 당연한 일이지만 작가 입장에서는 이렇게 기쁜 일이 없다. 게다가 책뿐 아니라 이렇게 예전에 방영한 텔레비전 프로그램까지 봐주었다(한편, 요즘은 취재 상대의 저서 따위는 거의 읽지도 않고, 인터넷으로 대충대충 프로필이나 훑고 와서 인터뷰를 하는 취재원도 흔한 세상이다).

니토 씨는 내가 그것을 언젠가 형태화하고 싶어 한다는 걸 눈치채고 이런 제안을 한 것이다.

"그 프로그램 좋았지요. 훌륭했어요. 그걸 꼭 책으로 만들어봅시다."

하지만 그가 노련한 편집자인 이유가 단순히 텔레비전 프로그램을 책으로 만들자고 제안했기 때문만은 아니었다. 내가 한 가지 '끝내지 못한 것'을 포함한 기획을 내놓은 것이다.

"이 프로그램이 방송된 지 벌써 10년이 넘었지요. 그때 후쿠오카 선생님이 가르쳤던 초등학교 6학년 아이들은 벌써 어른이 되었어요. 그 아이들을 찾아서 그때의 그 수업을 기억하고 있는지, 그 후로 어떤 생각을 하게 됐는지, 지금 무엇을 하고 있는지, 이런 얘기들을 하는 자리를 마련해봅시다. 그리고 선생님이 다시 뭔가 강의를 해 줘도 좋고요. 〈어서오세요 선배 리턴즈〉인 거죠."

그렇다. 내가 끝내지 못한 것, 마음에 걸렸던 것은 그 아이들이 지금 어떻게 살고 있을까, 건강하게 지낼까였다. 그들의 소식을 듣고 싶었던 것이다.

지금은 모두 사회인이 되어 있겠지. 무슨 일을 하고 있을까. 만약 학생들이 내 강의를 기억하고 있다면, 그리고 그것이 조금이라도 그들의 인생에 도움이 되었다면…. 만약 도움이 되었다는 얘기를 들으면 나는 몹시 감격스러울 것이다. 역시 편집자는 여우다.

가만히 생각해보니 열심인 청취자(혹은 학생)를 골라 저자가 열혈 강의를 하는 것은 렉처북 이래 아사히출판사에 전해오고 있는 장기가 아닌가. 완전히 당했다. 이건 거절할 수가 없게 됐다. 이런 연유로 아사히출판사와 인연이 닿아 기획 협의 등을 하던 중 무슨 토크쇼인지 뭔지에서 나는 이런 이야기를 했다. 인생 백세 시대. 장년이 되었을 때야말로 인생 후반전의 삶을 생각해야 한다. 그러기 위해서는 자신의 원점으로 다시 한번 돌아갈 필요가 있지 않을까. 원점이란 예전에 좋아했던 것, 열중했던 것, 경이로웠던 것을 떠올리는 것. 그리고 그 원점에서서 어릴 적부터 동경해왔던 것을 지금 이루기 위해 시도하는 것.

"그럼, 후쿠오카 선생의 원점은 무엇인가요?"

"그건 현미경의 렌즈를 들여다봤을 때 그 속에 보인 생명의 소우주에 소름이 돋았던 그 감각입니다. 생명의 본래의 모습, 피시스를 접했을 때의 놀라움이죠."

"그렇다면 후쿠오카 선생께서 그 원점에 서기 위해서는 어떻게 하면 좋을까요?"

"그건 간단해요. 간단하지만 거의 실현 불가능하죠."

"무슨 뜻이죠?"

"지구상에 남은 유일한 피시스의 현장, 진화의 최전선, 갈라파고스 제도에 가는 겁니다. 갈라파고스에 가서 다윈의 항로를 좇아, 그가 봤던 광경을 나도 내 눈으로 직접 보는 거예요."

니토 씨가 말했다.

"그거라면 실현 가능할지도 몰라요."

"정말요?"

렌즈의 초점은 이제야 니토 씨의 윤곽을 정확히, 선명하게 드러내주었다.

'시작'을 위한 후일담

여행을 시작하기 전에 미리 독자분들에게 이야기해두어야 할 것이 있다. 그것은 이 여행의 바로 '다음'에 터진 사태에 대해서이다. 그 사태는 긴말할 것도 없이 코로나 팬데믹이다. 세계가 이렇게까지 코로나-19 문제로 괴로워하고 있는데 갈라파고스 여행이라니, 후쿠오카 신이치는 경박하고 신중하지 못하다고 있다고 생각하는 분도 있을 것이다.

지금 시점에서는 변명으로 들릴지 모르지만 이 여행을 시작하려 했던 2020년 3월 초, 세상은 아직 정상적으로 운행되고 있었다. 나리타 공항은 언제나처럼 혼잡했고 국제선은 지극히 평소처럼 이착륙하고 있었다. 중국에서 시작된 코로나-19 문제는 크루즈 다이아몬드프린세스호의 집단감염과 스미다강 놀잇배 승객 집단감염 등이 보도되기는 했지만 이 정도까지 급속도로 세상을 뒤덮을 거라고는 누구도 예상하지 못했던 시기였다. 우리가 향하려던 북아메리카와 남아메리카에서도 당시에서는 코로나 문제가 강 건너 불이었다.

사실 우리는 아주 평범하게 일본을 출국해, 아무런 문제 없이 미국에 도착했고, 드디어 에콰도르에 입국했다. 그리고 꿈에도 그리던 여행, 상상을 초월한 여행, 갈라파고스 탐방이 시작되었다. 사태가 급변한 것은 갈라파고스 여행이 끝난 직후였다.

갈라파고스 탐험을 끝낸 우리 일행은 마지막 섬, 산크리스토발섬의 공항에서 과야킬을 경유해 에콰도르의 수도 키토로 돌아왔다. 공항에서 통역사인 미치 씨와 작별 인사를 나눈 다음 이튿날 아침 환승지인 미국 댈러스의 포트워스 공항에 도착했다. 미국 입국도 아주 순조로웠고 특별한 검사나 체온 측정 등도 없었다. 나는 일본으로 돌아가는 사진작가 아베 씨와 헤어져 록펠러대학교가 있는 뉴욕행 비행기 탑승 게이트로 행했다. 남은 3월 봄방학을 뉴욕에서 보낼 예정이었다. 비행기는 그날 오후 뉴욕 라과디아 공항에 도착했고, 나는 택시로 맨해튼에 있는 아파트에 도착했다. 길가에는 순백의 청초한 콩배나무 꽃이 봉오리를 터뜨리기 시작하고 있었다. 뉴욕 거리에 봄을 알리는 가로수다. 나는 한숨을 돌리며 짐을 풀기도 했고, 빨래를 종류별로 나누기도 했고, 자료를 정리하기도 했으며 샤워를 하기도 했다. 잠시 여독을 푸는 시간을 갖고 싶었다. 이때가 2020년 3월 11일이었다. 텔레비전을 켜니 뉴욕 교외의 작은 동네 뉴로셸에서 코로나-19 집단 감염이 발생했다는 뉴스가 흘러나왔다. 하지만 당시 시점에서 나는 다가올 감염 폭발 규모를 전혀 예상하지 못하고 있었다. 이튿날부터 우왕좌왕하는 사이에 뉴욕주는 물론 미국 전역에서 감염자 수가 기하급수적으로 상승하기 시작했다. 감염자 수가 수천에서 수만 그리고 수십만에 달하기까지는 순식간이었다. 학교가 폐쇄되고, 도시가 봉쇄되었다. 브로드웨이, 카네기홀, 메트로폴리탄 미술관… 뉴욕의 관광 명소가 하나둘 잇따라 폐쇄되었고, 식당이나 바도 휴업, 불필요한 외출도 금지되었다. 록펠러대학교도 학내 출입이 금지되고 연구도 정지되었다. 나는 아파트에 유배되었다. 그야말로 침묵의 봄이 덮쳐왔다.

한편, 에콰도르에도 심각한 사태가 벌어지고 있었다. 우리가 방문했을 때는 평화 그 자체였다. 중국 우한에서 폐렴을 일으키는 코로나 바이러스가 발생했다는 뉴스를 듣고 수도 키토 공항에서는 직원이 발열 검사를 하는 정도였고 긴박감이나 위기감은 전혀 없었다. 갈라파고스 제도에서도 마지막 날에 관광 보트에 함께 탄 이스라엘 사람과 폴란드 출신 다이버가 아시아인인 우리를 보고 코로나-19에 대해 가볍게 비난하는 정도였다. 그러니까 다들 저기 먼 나라 어딘가에서 일어난 남의 일에 불과했다. 그런데 우리가 에콰도르를 떠난 직후부터 감염자가 맹렬한 기세로 증가하기 시작했다. 특히 수도 키토에서는 저소득층 거주 지역에서 의료 붕괴가 일어났다. 수용하지 못하는 감염자 시체가 거리에 방치된 사진이 방송사 뉴스를 타고 전 세계로 퍼져나갔다. 항공로가 단절되었다.

에콰도르에서 약 1,000킬로미터 떨어진 갈라파고스도 무사하지는 못했다. 수많은 관광객이 유입되기 때문이다. 일본의 지지통신에 따르면 2020년 3월 23일, 갈라파고스에서 최초로 4명의 감염자가 확인되었다. 1명은 여행객, 3명은 섬사람들이었는데, 모두 본토의 상업도시 과야킬에 머물고 있었다. 에콰도르에서는 3월 24일까지 1,082명의 감염자가 확인되었고, 27명이 사망했다. 에콰도르 정부는 3월 16일부터 갈라파고스 국립공원에 여행객 입도 금지령을 내렸다.

　그러니까 우리는 위기일발이었던 것이다. 여정이 조금 더 늦었더라면 갈라파고스에 입도할 수 없었다. 혹은 에콰도르 국내에 발목이 잡혀 국외로 나갈 수조차 없었을지도 모른다. 코로나-19는 우리에게 바이러스와 인간의 관계를 따져 물었다. 세계화와 감염병의 문제를 제기했다. 인명 존중과 경제 활동의 딜레마를 드러냈다. 그리고 무엇보다 이 눈에 보이지 않는 바이러스로 인해 나는 생명이란 무엇인가라는 본질적인 철학적 물음에 대해 다시 생각해보게 되었다.

　바이러스란 전자현미경으로밖에 보이지 않는 극소의 입자이며 생물과 무생물 사이를 떠도는 기묘한 존재다. 생명을, 자기복제를 유일무이한 목적으로 삼는 시스템이라고, 이기적 유전자론의 관점으로 정의한다면 숙주에서 숙주로 이동하며 자기복제로 증식하는 바이러스는 곧 전형적인 생명체라고 할 수 있을 것이다. 하지만 생명을 또 하나의 다른 관점으로 정의하면 얘기는 그렇게 간단하지 않다. 그것은 끊임없이 자신을 파괴하며, 늘 새로 만들고, 엔트로피 증대 법칙에 저항하며, 위태로운 일회성의 균형 위에 서 있는 동적인 시스템이 곧 생명이라고 정의하는 견해 즉, 동적평형의 생명관으로 보면 대사도 호흡도 자기 파괴도 없는 바이러스는 생물이라 부를 수 없다. 하지만 바이러스가 단순히 그저 무생물인 것만도 아니다. 바이러스의 행동을 잘 살펴보면 바이러스는 자기복제만 하는 이기적인 존재가 아니다. 바이러스는 오히려 이타적인 존재다.

이타성은 동적평형과 아울러 내 생명관의 키워드이기도 하다. 생명의 진화는 이타성 위에 성립되어 있다. 따라서 우연히 발발한 코로나-19 문제는 이 책 갈라파고스 여행의 통주저음(저음부에서 지속적으로 쉬지 않고 베이스 반주를 곁들여주는 바로크 시대 주법−옮긴이)과도 통하는 부분이 많다. 독자 여러분에게는 이 부분이 복선이 될 것임을 예고하며, 본격적으로《생명해류》이야기로 초대하고자 한다.

<u>여정</u>

일단 이번 여정부터 설명해야겠다. 이 책 맨 앞에 있는 갈라파고스 제도의 항해도를 보자. 다윈이 탔던 비글호는 영국을 출항하여 대서양을 남하, 남아메리카의 브라질 연안에 잠시 들르면서 남단의 마젤란해협을 돌아 태평양으로 나와 북상하면서 갈라파고스 제도를 목표로 항해를 했다. 그들이 맨 처음 도착한 곳은 제도 동부에 위치한 산크리스토발섬. 1835년 9월 15일의 일이었다. 거기서부터 다윈은 플로레아나섬, 이사벨라섬, 볼리바르해협을 빠져나가 적도를 넘어 산티아고섬을 방문했고 머물렀다. 산티아고섬을 마지막으로 갈라파고스 제도를 뒤로하고 다음 탐험지인 타히티로 향했다.

다윈의 여로를 재현함에 있어 그 모든 여정을 배로 소화하는 것은 역시나 불가능했기 때문에 우리는 하늘길로 갈라파고스 제도의 거점인 산타크루스섬에 들어가(여기에 공항이 있다), 거기서 마벨호를 타고 다윈과 같은 항로, 즉 플로레아나섬, 이사벨라섬, 볼리바르해협을 빠져나가 적도를 넘어 산티아고섬을 일주하기로 했다. 그다음, 다윈의 첫 기항지, 산크리스토발섬을 방문한다.

출발 기준을 일본으로 삼으면 상당히 장시간의 여정이다. 남아메리카로 가는 직항편이 없기 때문에 일단 나리타에서 미국 댈러스 포트워스 국제공항으로 간다. 약 13시간의 비행. 거기서 다른 항공사 비행기로 환승한 다음 남아메리카 에콰도르로 향한다. 이것이 약 7시간. 드디어 에콰도르의 수도 키토에 도착한다. 여기서 국내선 항공을 이용해 해안의 상업도시 과야킬을 경유해 100킬로미터 떨어진 절해의 고도 갈라파고스 제도로 날아가게 된다. 앞에서 얘기했듯 갈라파고스에서 공항은 산타크루스섬에 있다. 좀 더 정확히 말하면 산타크루스섬에 인접한 화산섬인 발트라섬에 있다.

자, 이 여행의 기록은 전날 밤늦게 도착해 짧게 선잠을 자고 난 후, 이른 아침 키토에 있는 공항을 출발한 비행기의 창밖으로 보였던 안데스산맥 풍경부터 시작하고자 한다. 이것이 나의 첫 남아메리카 체험이기 때문이다.

등장인물

후쿠오카 박사
福岡伸一

이 여행 일기의 필자. '나'.
생물학자이자 자연의 모든
것을 사랑하는 (사실은
나약한) 박물학자.

오스왈드 차피
Oswald Chapi
애칭: 차피

현지 가이드, 전 갈라파고스
국립공원 관리국원.
만물박사나 과묵함. 진정한
박물학자(거침이 없음).

에두아르도 코셀료
Eduardo Cosello
애칭: 뷔코

마벨호 선장. 듬직한 바다
사나이.

조지 아빌레스
George Aviles
애칭: 조지

마벨호의 요리사.
요리 실력이 훌륭함.

프란시스코 산틸란
Francisco Santillan
애칭: 구아포

마벨호 부선장. 배 조종
실력이 뛰어남.

도리이 미치요시
鳥居道由
애칭: 미치

통역사, 여행 코디네이터.
에콰도르에서 태어나고
성장함.

훌리오 모레타
Julio Moretta
애칭: 훌리오

마벨호 선원. 만능 일꾼. 일
잘하는 청년.

아베 유스케
阿部雄介

야생 전문 사진작가. 좋은
사진을 찍기 위해서라면
물불을 가리지 않음.

출발

2020년 3월 4일

출발
DEPARTURE

침보라소산

2020년 3월 3일의 이른 아침. 드디어 날이 밝아올 무렵, 산간부 고지대에 있는 에콰도르의 수도 키토에서 비행기에 탑승했다. 태평양에 면한 항만 상업도시 과야킬까지 1시간 정도 비행, 그리고 그곳에서 태평양을 넘어 드디어 갈라파고스 제도로 향하게 된다.

세상이 이렇게까지 코로나 문제로 온통 뒤덮이리라고는 전혀 상상할 수 없었던, 화창한 아침이었다. 키토는 적도 가까이 위치하고 있음에도 공기가 싸늘했다. 듣자 하니 키토는 해발고도 2,850미터나 되는 곳에 위치해 있다고 한다. 시계 저편은 높은 산들이 겹겹이 장벽을 치고 있었다. 우리를 태운 비행기는 가뿐하게 이륙했다.

왼쪽 창가에 앉아 있던 나는, 유난히 높은 산 정상이 구름 사이로 우뚝 솟은 모습을 볼 수 있었다. 후지산처럼 깎아지른 듯 홀로 우뚝 솟아 있었고, 산 정상에는 눈이 덮여 있었으며, 아름다운 기슭을 거느리고 있었다. 옆에 있던 원주민에게 물으니 코토팍시산이라고 알려주었다. 코토팍시산과 헤어지고 얼마 후, 저 멀리 언뜻언뜻 희미하게 높은 봉우리가 보였다. 내가 묻기도 전에 옆에 앉은 사람이 저것은 에콰도르에서 가장 높은 산인 침보라소산이라고 가르쳐주었다.

'아, 저게 그 **유명한** 침보라소산이구나!'

코토팍시산도 침보라소산도, 에콰도르를 종주하는 안데스산맥에 속한, 빼어나게 아름다운 산이다. 지도에서 찾아보니 침보라소산은 해발고도 6,268미터, 코토팍시산은 5,897미터다. 후지산보다도 훨씬 높다. 아니, 히말라야 수준이다. 그런데 사실은 침보라소산이야말로 에베레스트산보다도 높은 세계 최고봉의 산악이라고 하면 놀라는 사람이 있을지도 모르겠다. 하지만 이 재치 있는 논리는 사실 지구가 적도 부근이 더 볼록하게 튀어나와 있기 때문에 가능한 얘기다. 즉 지구는 귤처럼 생겼기 때문에 지구 중심에서 거리를 재면 적도 부근에 있는 침보라소산 정상이 에베레스트산 정상보다 높은 위치에 있다(지구의 중심에서 측정한 거리는 침보라소가 약 6384.4킬로미터, 에베레스트가 약 6,382.3킬로미터로 침보라소산이 약 2.1킬로미터 더 '높은' 게 된다).

그렇다면 침보라소산이 유명하다고 한 것은 관광 측면에서가 아니라, 과학적으로 그렇다는 의미가 된다. 침보라소라는 색다른 이름은 현지어로 '푸른 눈'을 뜻한다.

1738년, 프랑스의 과학자 피에르 부게르와 샤를 마리 드 라 콩다민이 와서 고생 끝에 여러 가지를 측량했다. 이에 앞선 뉴턴의 명저

《프린키피아》(1687년)에는 다음과 같은 예언이 실려 있었다. 진자를 늘어뜨리니 진자는 지구의 인력에 의해 지구 중심을 향해 끌려간다. 이때, 진자 가까이에 거대한 산이 있으면 진자는 산의 인력에도 이끌려 곧은 수직 방향에서 살짝 어긋난다. 하늘의 별을 표식으로 삼아 이 어긋난 각도를 정밀하게 측정하면 산과 지구가 지닌 인력의 강도를 계산할 수 있다. 산의 부피는 측량으로, 산의 중량은 산을 구성하는 암석의 성분을 통해 대략 계산할 수 있다. 그러면 산의 밀도를 구할 수 있다. 이 데이터와 어긋난 각도를 바탕으로 이번에는 지구의 밀도를 측정할 수 있다. 그들은 침보라소산을 이용해 이 실험을 시도한 것이다. 침보라소산은 일본의 후지산과 비슷하여 주변의 산과 동떨어져 있는 거대한 고립봉이다. 이 실험을 하기에는 고립된 산괴山塊(산줄기에서 따로 떨어져 있는 산의 덩어리 - 옮긴이)가 적격이었던 것이다.

실험 결과, 지구의 밀도는 생각 이상으로 높았다. 지금까지 지구의 내부는 사실 빈 공간이 아닐까 하는 추정도 있었지만 빈 공간이기는커녕 산의 암석보다 훨씬 무거운 철 같은 물질로 가득 차 있다는 사실을 처음으로 추정할 수 있게 된 것이다. 일본으로 치면 에도 시대 중기, 지구 규모로 이런 장대한 측량을 시도한 사람들이 있었다. 그러니 뉴턴의 예언이 얼마나 훌륭한지는 말해 무엇하랴. 역시 뉴턴은 위대하다. 모두 17세기에서 18세기에 일어난 일이다. 이런 지적 탐구가 이후 지구 전체가 거대한 자석이라는 사실, 보이지 않는 자력선으로 뒤덮여 있다는 사실을 밝혀내는 등 지구과학의 대발전으로 이어진 것이다. 이런 역사적 시간의 축 위를 가로지르며, 지금 나는 갈라파고스로 향하고 있다. 절로 가슴이 고동친다.

이런저런 생각이 빠진 사이에 비행기는 어느새 과야킬 공항에 도착했다. 과야킬에서 탑승하고 내리는 손님을 바꿔 실은 다음, 거대한 태평양을 날아 곧장 갈라파고스 제도로 향했다. 지금부터가 진짜 여행의 시작이다.

마벨호의 출항

마벨호의 출항은 오전 1시로 결정되었다. 왜 이렇게 한밤중이었을까? 그것은 내 멋대로인 희망과 일주해야 할 섬들의 스케줄과 배의 속도를 감안해 마벨호 선장 뷔코가 역산해서 산출한 일정이었기 때문이다. 내 멋대로인 희망은 이런 것이었다. 1835년 이곳 갈라파고스 제도를 방문한 진화론의 조상, 찰스 다윈이 탔던 영국의 군함 비글호가 거쳤던 항로를 가능한 한 충실히 따르고 싶고, 다윈이 보았을 광경을 똑같이 보고 싶다는 사치스럽고 욕심 가득한 것이었다. 비글호는 한 달 넘게 갈라파고스의 주요 섬들을 돌았고 중요한 해협을 지나며 충분한 조사와 측량을 했다. 이것을 고작 일주일 정도로 간접 체험하겠다는 것이다. 애초에 비글호의 정식 명칭은

H.M.S. Beagle, Her(His) Majesty's Ship. 즉, 여왕(당시에는 국왕) 폐하의 배이다. 영국 해군을 중심으로 승조원 74명, 대포 6문을 탑재한 훌륭한 군함이었다. 표면적인 임무는 조사와 측량이었지만 진짜 목적은 대영제국의 해외진출을 위한 지정학적 거점을 확보하는 것이었다.

이 비글호의 항로를 모두 추적하는 것은 통상적인 갈라파고스 관광 크루즈나 정기노선으로는 무리다. 그래서 독자적으로 배를 전세 낼 수밖에 없다. 이것이 사치라고 한 까닭이다. 배를 일주일 동안 전세내려면 배를 조종하기 위한 선장, 부선장, 선원 그리고 요리사 모두를 고용하고, 연료, 물, 식재료를 선적해야 한다. 뷔코 선장, 구아포 부선장, 선원 홀리오, 요리사 조지, 이렇게 4명이 승선 멤버다.

그리고 갈라파고스는 대부분이 국립공원이어서 자연보호를 위해 들어갈 수 있는 곳과 들어갈 수 없는 곳이 엄밀히 정해져 있다. 그리고 아무리 전세를 낸 배라고 해도 배에는 반드시 지정된 현지 가이드가 동행해야 하며, 가이드의 관리를 받으며 관찰이나 행동을 해야만 하는 것이 규칙이다. 때문에 우리는 갈라파고스 국립공원 관리국에 근무했던 차피 씨를 모셨다.

선원도 가이드도 모두 갈라파고스 사람이며 대화는 스페인어로 한다. 그래서 통역 겸 이번 여행의 사전 준비를 담당해준 에콰도르 주재 일본인, 미치 씨도 모셨다. 그는 부모가 일본 사람이라 일본어, 스페인어를 모두 하는데 에콰도르에서 태어나 에콰도르에서 성장했고 부인도 에콰도르 사람인 토박이 에콰도르인이다. 어렸을 적부터 축구와 살사와 함께 자랐다. 남아메리카의 소년이 인기를 얻으려면 첫째, 축구를 잘할 것, 둘째, 살사(댄스)를 잘 출 것이란다. 남아메리카에서 태어나지 않아 다행이다(그렇다고 내가 일본에서 인기가 있는 것도 절대 아니지만).

미치 씨가 없었으면 남아메리카의 거친 남자(즉 선원)들과 협상은 물론 아무것도 할 수 없었을 것이다. 남아메리카에서는 일단 아미고 amigo(친구)가 되지 않는 한 아무것도 시작할 수 없고, 아미고가 되기 위해서는 기본적으로 언어가 통해야 하기 때문이다.

일본에서는 나 후쿠오카 외에 영상 기록 담당 겸 감시자 역할로 자연파 사진작가 아베 유스케 씨가 동행해주었다. 감시자라는 것은 후쿠오카 박사가 흥이 나서 채집 금지 곤충을 가져오거나 코끼리 거북의 등딱지를 만지거나 조개나 뼈를 선물로 챙기지 않도록 감시한다는 의미다. 갈라파고스의 자연물은 생물이든 무생물(암석이나 흙 등)이든 무엇도 섬 밖으로 반출 엄금이며 섬에서 섬으로의 이동도 금지되어 있다. 그래서 신발이나 바지에 붙은 모래는 깨끗이 털어내야 하고 샘플도 현미경 관찰이나 촬영 후에는 모두 제자리에 돌려놓아야 할 의무가 있다.

"몰래 반출하면 어떻게 됩니까?"라고 미치 씨에게 물어보았다.

"공항에서 수하물 검사가 있고 여행 가방도 엑스레이 장치를 통과해야 하기 때문에 발각되면 큰일이에요. 조개껍데기 정도면 몰수

당하고 시말서를 써야 해요. 그리고 앞으로 갈라파고스 방문이 완전 금지당하죠. 만약 더 중요한 것을 밀반출하려다 걸리면 체포 후 감옥행입니다. 남아메리카 감옥에서는 생명이 위험해요."

즉, 남아메리카의 거친 남자들에 의해 샤워실 구석으로 몰리는 것이다. 간수도 한통속이므로 보고도 못 본 체. 무섭다….

"실제로 그런 일이 있었나요?"

"네. 꽤 오래전이지만 파충류 마니아가 여행 가방에 살아 있는 이구아나를 넣어서 반출하려다가 발각됐죠. 당연히 감옥행이었습니다. 그리고 이건 에콰도르 본토에서 있었던 일인데 아주 최근에 일본인 곤충 마니아가 채집표본을 허가 없이 반출하려다 적발되어서 대사관까지 나서는 대소동이 있었어요. 게다가 숫자가 문제였어요. 300점이 넘었거든요. 에콰도르 동쪽은 아마존 밀림이라 헤라클레스 같은 장수풍뎅이를 잡을 수 있어요. 그 일본 사람은 울면서 빌었지만 이미 늦었죠. 실형을 선고받았습니다."

에구머니나.

자, 이제 마벨호로 넘어가자. 도대체 어떤 배일까? 나는 소년 시절로 돌아간 듯한 기분이 되어 가슴이 두근거렸다. 머리에 떠오른 건 아동문학 《둘리틀 선생의 바다 여행》에 나오는 둘리틀 선생의 배 마도요호였다(원서에는 '컬루Curlew호, 이부세 마스지가 번역한 이와나미서점 번역서에는 '마도요호'라고 되어 있다). 내게 이 여행의 근본 목적과도 같은 의미를 갖는 이 이야기를 너무나 좋아했던 나는 어른이 된 후 신쵸샤의 의뢰로 번역을 했을 정도다.

이 책을 아는 분도 많겠지만, 간단히 소개해보자.

무대는 19세기 초반. 영국 시골의 항구도시 퍼들비 마을에 사는 가난한 소년 토미 스터빈스는 오가는 배를 보면서 모험 여행을 상상하는 상상력이 풍부한 남자아이다. 어느 날, 우연히 박물학자(영어로는 내추럴리스트naturalist)인 존 둘리틀 선생을 만나 제자가 된다.

둘리틀 선생은 땅딸막한 신사인데 약간 속세를 벗어난 듯한 괴짜이지만 박식하고, 놀랍게도 동물들의 말을 알아들을 수 있다! 스터빈스에 대해서도 친절하고 대등하게 대해준다. 어린아이 취급을 하며 '토미'라든가 '꼬맹이'라고 부르지 않고 '미스터 스터빈스Mr. Stubbins'라고 격식 있게 불러준다. 가난하여 학교에도 다니지 못하는 스터빈스는 감격하여 자기도 둘리틀 선생처럼 박물학자가 되고 싶다며 제자로 받아달라고 부탁한다.

이 둘이 만나는 장면은 너무나 생생해서 몇 번을 읽어도 질리지 않는다. 이는 소년이 된 이후 만나야 할 이상적인 어른이란 바로 둘리틀 선생과 같은 공평한 사람이며, 부모나 교사 즉, 늘 수직 관계에 있는, 명령하거나 금지하는 사람이 아닌 평등한 관계에 있는 어른이라는 사실을 가르쳐주기 때문이다. 독자인 소년 소녀들은 기상천외한 둘리틀 선생에 매료되고 스터빈스처럼 행운아가 되고 싶다는 생각에 스터빈스에게 감정이입을 하게 된다. 그리고 이 이야기는 스터빈스가 화자가 되어 둘리틀 선생과 모험 여행을 떠난다는 점에서 치밀하다 할 수 있다.

스터빈스의 두근거리는 마음은 그대로 독자의 두근거림이 된다. 둘리틀 선생과 스터빈스는 행방불명이 된 또 다른 수수께끼의 박물학자 롱 알로의 소식을 듣기 위해 동물 선원들과 함께 작은 돛단배 마도요호를 타고 미지의 섬인 거미원숭이섬으로 여행길에 오른다.

배는 퍼들비를 출항한다. 퍼들비는 이야기 속 상상의 마을이지만 여러 실마리를 종합해보면 영국 콘월 반도 끝자락에 있는 항구도시 브리스톨을 배경으로 한 게 아닌가 싶다. 훗날 실제로 둘리틀 선생을 찾아 여행을 떠났을 때, 브리스톨 거리의 선착장 돌계단에서 과거 스터빈스의 흔적을 발견한 적이 있다. 그곳은 그가 '강둑에 앉아 수면을 향해 다리를 대롱거리며 뱃사람들과 함께 노래를 흥얼거리면 자신도 뱃사람이 된 듯한 기분이 들어 흥겨웠다'고 묘사한 장소와 똑같았고, '마을 한복판을 가로질러 강이 흘렀는데 킹스브릿지라는 아주 오래된 돌다리가 있어서 마을 한쪽에 있는 시장과 반대편에 있는 교회를 오갈 수 있었다'(원서는 '신초샤판, 후쿠오카 신이치 옮김'으로 되어 있으며, 역자는 시공사판 12쪽을 참조함−옮긴이)고 묘사된 그대로 강 저편에는 교회의 첨탑이, 이쪽에는 선착장이 있었던 것이다(이 둘리틀 선생을 둘러싼 여행의 첫 출발은 지금은 휴간된 신초샤의 훌륭한 문화 잡지 〈생각하는 사람考える人〉(2010년 11월호)에 실렸고, 이후 책으로 만들어져 《박물학자ナチラリスト》(신초샤)라는 제목으로 출간되었다. 내 둘리틀 사랑이 가득한 책들이다).

출항하자마자 곧 약속이나 한 듯이 배의 창고에서 밀항자가 발견된다. 그것은 둘리틀 선생의 지인, 매튜 할아버지와 루크 부부로 그들도 정말이지 너무나 둘리틀 선생과 함께 여행을 하고 싶어 몰래 숨어들었던 것인데 지병인 류머티즘이 도지거나 뱃멀미를 하여 발각되고 만다. 곤란해진 둘리틀 선생은 콘월 반도 끝의 항구 펜잔스에 배를 정박하고 밀항자들에게 돌아갈 돈까지 건네며 배에서 내리도록 한다.

스터빈스는 이렇게 쓰고 있다.

자정이 지나서 우리는 항구에 머물렀다가 아침에 다시 출발하기로 했다.

그렇게 늦게까지 깨어 있어서 무척 재미있긴 했지만 나는 기쁘게 잠자리에 들었다. 선생이 자는 침대 위쪽 침대로 올라가 담요를 포근하게 두르고 보니까 내 팔꿈치쯤에 현창(뱃전에 낸 창문 — 옮긴이)이 나 있어서 베개를 베고 그대로 누워 있으면 배의 움직임에 따라 펜잔스 항구의 불빛들이 흔들리는 풍경이 보였다. 마치 흔들거리는 요람에 누워서 나를 즐겁게 해주려고 선보이는 구경거리를 보며 잠드는 기분이었다. 바다 생활이 아주아주 맘에 든다고 생각하는 순간 나는 깊은 잠에 빠져들었다.

(이와나미소년문고판, 이부세 마스지 옮김, 역자는 시공사판 144쪽 참조 ─ 옮긴이)

처음에 둘리틀 선생 이야기를 읽었을 때, 나는 '뒹굴뒹굴하면서, 현창 밖으로 바다가 보이고, 저 멀리 항구의 불빛이 흔들린다'는 묘사에 넋을 잃었다. 그런데 이번에 드디어, 그 꿈을 이룬 것이다. 갈라파고스라는 절해의 고도에서. 둘리틀 선생의 동화와는 전혀 다른, 노골적인 리얼리티 즉 피시스(자연)와 더불어.

마벨호는 산타크루스섬의 푸에르토 아요라항에서 출항한다(푸에르토puerto는 스페인어로 '항구'를 뜻하므로 사실은 '아요라항'이라고 하면 된다). 마벨호의 정식 이름은 퀸 마벨. 여왕 폐하의 배이다. 이 정도면 그럭저럭 H.M.S.(Her Majesty's Ship) 비글에 맞설 만하지 않은가.

나는 무거운 트렁크와 다른 작은 여행 가방을 끌고 부두까지 걸어 갔다. 낮 시간이라면 식당이나 기념품 가게로 북적였을 항구도 밤에는 고요했다. 트렁크에는 무엇이 들어 있을까. 나는 이번 여행을 위해 상당히 정성스럽게 준비를 해왔다. 지난해(2019년) 나는 타이완 남부의 고도古都 훙터우위 란위섬으로 마젤란 비단나비Troides magellanus(Magellan birdwing)라는 희귀한 나비를 찾아 나섰으나 별것 아닌 등산이었음에도 불구하고 비교적 가벼운 장비만으로 나선 탓에 흙투성이, 땀투성이가 되어 기진맥진하고 말았다. 그 이유 중 하나는 내가 예전 스타일의 산행 복장을 했기 때문이었다. 그에 대한 반성으로 이번에는 새 장비를 구비하기로 했다.

아웃도어 용품의 진화는 대단하다. 속건성 셔츠, 바지, 속옷… 가볍고 착화감 좋은 등산화, 우수한 통기성과 훌륭한 방수력을 겸비한 비옷, 편리한 방수 가방 등 뛰어난 기능의 다양한 제품들이 판매되고 있음을 알게 되었다. 그래서 몽벨이나 피닉스나 폭스파이어 같은 브랜드에 (비싼) 금액을 지불하고 최신 장비를 갖추었다. 실제로 가볍고, 또 바로 마르는 옷을 입으니 쾌적하고 피로도가 훨씬 덜했다. 누구든 축축한 옷을 이튿날에도 입는 건 싫을 것이다. 그런데 눈 깜짝할 사이에 마른다(참고로 말하자면 이번 여행의 굵직한 경비(도항비, 취재비)는 출판사가 부담했지만 이런 개인 장비는 모두 개인 부담이다).

결국 나는 박물학자를 자임하고 있지만 실제로는 도시 패션으로 치장한, 인스턴트 박물학자였던 것이다. 이는 시종일관 과묵한 갈라파고스의 네이처 가이드 차피 씨의 행동거지, 그리고 그의 심플한 장비와 비교해보면 분명하게 드러난다. 이에 대해서는 나중에 자세히, 자기비판을 담아 이야기하려 한다.

이밖에 나는 자잘한 짐들을 가져갔다. 갈라파고스에 관한 책, 자료, 다윈의 《비글호 항해기》, 《종의 기원》(둘 다 두껍다), 맥북, 전원 공급 장치, 기록용 노트류, 필기도구, 다초점 안경, 휴대용 현미경, 샘플을 담기 위한 시험관, 핀셋과 슬라이드 글라스, 해부용 도구 등.

그리고 어쩌면 기회가 있을지도 모른다고 생각해 나비를 잡기 위한 포충망(시가滋賀곤충보급사 제품), 낚시 도구도 한 세트 챙겼다. 하지만 이것들은 실제로, 정말 '짐'이 되고 말았다. 왜냐하면 갈라파고스의 자연보호 규제는 대단히 엄격해서 네이처 가이드를 언제나 동행해야 하기 때문에 곤충 채집이나 낚시 따위는 절대 허용되지 않았기 때문이다. 참고로 휴대품 목록은 다음 페이지의 표에 실어놓았다.

이런 장비를 가득 넣어 빵빵하게 부풀어 오른 트렁크와 여행 가방과 함께 부두에 도착하니, 그곳에서 기다리고 있는 것은 마벨호가아닌 작고 파란, 한 척의 고무보트였다. 나중에 안 일인데 갈라파고스 제도 항구는 대부분 자연 생성된 만을 그대로 이용하기 때문에 배를 댈 만큼 수심이 충분하지 않다. 그래서 선박이 작다 하더라도만 안의 비교적 수심이 확보되는 곳에 정박하고 접안할 때는 고무보트나 바지선(소형 선박)을 이용한다. 이 고무보트를 옆으로 댈 수 있는 부두가 있는 것 자체가 감사한 일이라는 사실도 곧 알게 된다('파도를 읽다-웨트 랜딩의 요령'을 참조하기 바란다).

나는 선원들의 도움으로 트렁크와 여행 가방을 보트에 싣고 난 다음 부두에서 보트로 뛰어내렸다. 만약 누군가가 봤다면 여행 시작부터 매우 위태위태하다 했을 것이다. 승무원과 승객 모두를 마벨호로나르기 위해 고무보트는 두 번을 왕복해야 했다.

휴대품 목록

☑ 일반적인 필수 품목

☐ 여권   ☐ 전자 항공권   ☐ 현금과 신용카드

☐ 휴대전화(언락폰이면 SIM을 사용할 수 있지만 기지국이 없으면 이용할 수 없다)

☐ 보조배터리(휴대전화 충전용)   ☐ 해외여행자 보험   ☐ 해외여행용 트렁크

☐ 상륙 시 사용할 배낭(물에 젖을 것을 대비해 방수가 좋다)

☐ 수륙 양용 신발   ☐ 식품 보존용 봉투와 크기별 방수 백

☐ 경등산화   ☐ 선내용 실내화   ☐ 선크림   ☐ 멀미약

☐ 모자(햇빛이 강하므로)   ☐ 속건성 수건   ☐ 비옷

☐ LED 헤드램프   ☐ 방수 카메라   ☐ 카메라 충전기와 여분 배터리 등

☐ 카메라 메모리 카드 종류   ☐ 해외용 멀티 플러그

☐ 쌍안경(경량, 소형이면서 성능이 좋은 것)   ☐ 작은 노트와 필기구

☑ 세면도구, 약품 외

☐ 의약품(감기약, 벌레 물린 데 바르는 약, 위장약, 정장제, 상처에 바르는 약,

   반창고, 두통약, 해열제 등)

☐ 치약, 칫솔   ☐ 세안 비누, 면도용 크림, 빗

☐ 몸 비누, 샴푸   ☐ 세탁 세제, 빨랫줄   ☐ 티슈, 물티슈(비상시에 편리)

☐ 마스크(오로지 기내용)   ☐ 방수 손목시계

□ 접는 우산(비옷이 있으면 필요 없지만)

□ 벌레 퇴치제(스프레이는 비행기 반입 금지이므로 분무 타입)

□ 장갑   □ 선글라스   □ 트레킹용 지팡이   □ 반짇고리(긴급용)

□ 수중 고글   □ 자명종

☑ **의류**

□ 긴팔, 짧은 팔 셔츠(속건성)   □ 쉽게 마르는 속옷 혹은 티셔츠   □ 양말

□ 긴 바지   □ 수영복이나 반바지(상륙 시 바닷가 등에서 필요)

□ 목욕 수건(배에 비치되어 있으나 만약을 위해)

□ 잠옷으로 이용 가능한 얇은 천의 헐렁한 상하의

□ 얇은 상의(바람막이, 파카 등)

고무보트는 배 바깥쪽에 소형 엔진이 장착되어 있는데 선원은 이 엔진을 능숙하게 조종하여 만 안쪽을 향해 나아갔다. 저편에서 마벨호의 새하얀 선체가 다가왔다. 둘리틀 선생의 마도요호도 분명 이런 배였을 것이다. 내 갈라파고스 여행은 이 마벨호와 함께 시작되었다.

보트가 마벨호의 선미로 튀어나온 갑판에 머리를 대자, 갑판 쪽에서 기다리던 다른 한 명의 선원이 밧줄을 끌어당겨 보트를 고정해주었다. 그의 굵은 팔을 빌려 마벨호에 올라탔다. 선장 이하 선원들과 우리 탐험대가 각자 서로 자기소개를 하며 인사를 나눴다. 이들이 앞서 등장인물로 소개한 승무원들이다.

마벨호 선장 뷔코, 부선장 구아포, 선원 홀리오, 요리사 조지. 보트에서 마중을 나와 준 이는 구아포 부선장이고, 갑판에서 맞아준 이는 뷔코 선장이었다. 다들 듬직해 보이는 남아메리카의 바다 사나이들.

자, 일단 마벨호 내부 안내부터 해보자.

그림 1과 그림 2는 비글호와 마벨호의 평면도와 단면도이다. 비글호는 전장 27.5미터, 배수량 242톤, 승무원과 승객 74명. 훌륭한 군함이다. 이에 반해 우리 마벨호는 전장 13미터, 배수량 40톤, 승무원과 승객 8명. 어림잡아 비글호의 6분의 1 규모밖에 되지 않는 소형 선박. 아마 둘리틀 선생의 마도요호도 마벨호와 비슷한 규모였을 것이다. 그래서 나는 오히려 더 기뻤다. 이로써 나도 스터빈스가 된 기분이다.

나는 선미의 4호실을 선실로 사용하게 되었다. 감사하게도 2인실을 혼자 사용한다. 개인실을 사용할 수 있게 되어서 다행이다. 하지만 실내는 정말 좁다. 좁은 2층 침대와 약간의 공간. 아래 칸 침대에 트렁크를, 틈새 공간에 배낭과 신발을 두고, 셔츠와 옷가지들을 벽에 걸고, 위층 침대로 올라가 머리맡에 노트와 자료와 안경 등을 두면 더 이상 남는 공간은 없다. 위층 침대 위는 천장이 낮아 몸을 일으켜 앉으려 하면 머리가 닿는다. 얌전히 누워 있는 정도가 고작이고, 난간이고 뭐고 아무것도 없어서 잘못 뒤척이다가는 굴러떨어질 것만 같다. 아래 칸 침대는 더 좁고 어둡다. 이 방을 둘이서 사용해야 했다면 분명 답답했을 것이다. 2인분의 짐을 둘 수도 없어 보이고, 프라이버시의 '프' 자도 상상할 수 없다. 작은 방귀도 어림없을 것 같다.

유일한 구원은 위층 침대에 누우면 가로로 길고 모서리가 둥근, 작은 현창이 벽에 있다는 점이다. 이건 《둘리틀 선생의 바다 여행》에 나오는 스터빈스의 경우와 똑같다. 이 창을 통해 바다와 아침의 갈라파고스섬, 용암대지의 바위 표면 혹은 고요로 가득한 어두운 만을 바라보게 되었다.

우리 선실은 배의 가장 아래층(1층)에 위치하고 있다. 내 방을 포함해 좌우로 4개의 객실(각각 이층 침대가 있음), 2개의 화장실(이 화장실의 실체에 대해서는 '로고스 vs. 피시스' 104쪽 참조) 그리고 엔진룸이 있다. 가파른 계단(처음에는 반드시 발을 헛디디거나 머리를 부딪힌다)을 오르면 거실이 있다. 커다란 테이블을 두고 ㄷ자 모양으로 앉을 수 있게 되어 있어 우리는 매일 여기에 모여 식사를 했다(식탁에 모이는 이 시간이 얼마나 우리를 이 가혹한 여행에서 구제해주었는지도 '조지의 부엌' 182쪽에 상세히 묘사했다). 좌석 아래에는 수납을 할 수 있는데 신발 종류가 가득했다. 아무튼 좁은 배 안에서는 온갖 공간이 유용하게 활용되고 있다. 이 테이블은 지도를 펼치거나 현미경 관찰을 하거나 책을 읽을 수도 있다.

이 거실의 뱃머리 쪽에는 부엌이 있는데 커다란 냉장·냉동고가 있다. 부엌은 요리 담당 조지의 구역으로 그는 우리에게 훌륭한 요리를 제공해주었다. 그가 이 작은 부엌에서 온갖 조리를 해내고, 케이크까지 굽고, 게다가 매번 뒷정리까지 완벽하게 해준 것은 그저 더할 나위 없이 감탄스럽고 감사하다.

부엌 안으로 한 단을 내려가면 선수 아래에 또 하나의 세모난 방이 있는데, 이곳이 이 배에서 가장 좋은 객실이다. 좌우로 2층 침대, 안쪽에 전용 화장실. 이곳은 이번 여행에서 짐과 기자재가 가장 많은 사진작가 아베 씨가 사용하기로 했다. 하지만 이 방은 배의 맨 앞에 있기 때문에 흔들림이 심하고 창문도 없어서(파도가 온전히 다 느껴진다) 다소 답답하기도 하다. 아베 씨는 답답한 곳을 싫어해 이 방에는 오로지 기자재만 두고 자신은 거실 의자에서 새우잠을 잤다고 한다.

카메라맨은 언제 어느 때 촬영 기회나 장면이 찾아올지 모르기 때문에 습성상 창문이 없는 방에 틀어박혀 뒹굴 수는 없는 법이다. 덕분에 아베 씨는 갈라파고스의 일출, 일몰, 별과 달, 배 옆으로 다가온 가마우지의 멋진 사냥, 그밖에 수많은 결정적 순간을 파인더에 담을 수 있었다.

그리고 최신 카메라와 주변기기는 전기를 엄청 먹는다. 게다가 아베 씨는 드론까지 가지고 왔기 때문에 밤마다 멀티탭에 각각의 기기 배터리를 충전하는 일을 게을리하지 않았다. 또한 그날 촬영한 영상은 반드시 카메라의 기억장치에서 PC 하드디스크에 백업하는 것도 필수 작업이므로 내가 지쳐 침대에서 기진맥진해 있을 때도 그는 바쁘게 움직였음에 틀림없다. 잠은 제대로 잤을까(교대라고 하면 뭣하지만, 여행 후에는 내 차례가 되어 이렇게 필사적으로 여행 기록을 쓰고 있다).

거실에서 밖으로 나오면 뱃전의 통로를 지나 선수와 선미로 나갈 수 있다. 선수로 나가면 물과 연료 탱크가 있는 작은 공간이 있는데 거기에 걸터앉으면 배의 진행 방향을 보면서 바닷바람을 맞을 수 있다. 기분이 참 좋다. 우리는 이곳에서 바다를 바라보고, 배 옆에서 나란히 헤엄치는 바다사자와 놀거나 돛대에 붙어 함께 날아준 군함조에게 말을 걸거나(갈라파고스의 생물들은 정말 사람을 무서워하지 않고 오히려 흥미를 보이며 다가온다), 아무것도 없는 수평선으로 가라앉는 장대한 노을을 보거나, 밤하늘을 가득 채운 별과 은하수를 올려다보거나, 또는 적도를 통과한 순간에 맥주로 축배를 들기도 했다. 이 모

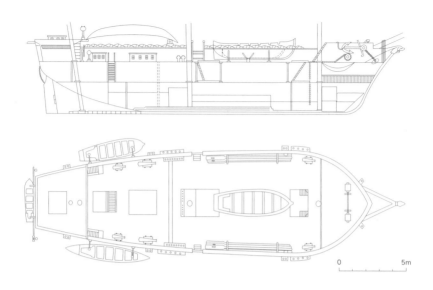

[그림 1] 비글호의 구조
전장: 27.5미터 / 배수량: 242톤 / 전폭: 7.5미터

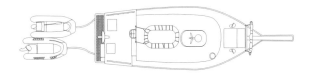

[그림 2] 마벨호의 구조

전장: 13미터 / 배수량: 40톤 / 전폭: 4미터

마벨호 내부
3층 구조. 가장 아래층인 1층이 주로
객실과 화장실과 샤워실, 2층은 거실
등 공용 공간, 3층은 선원들 구역.

1층

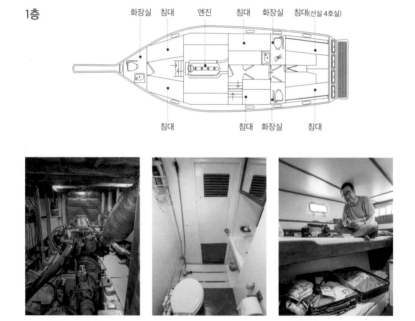

화장실 / 침대 / 엔진 / 침대 / 화장실 / 침대(선실 4호실)

침대 / 침대 / 화장실 / 침대

엔진룸 / 화장실과 샤워실 / 내 방(선실 4호실)

2층

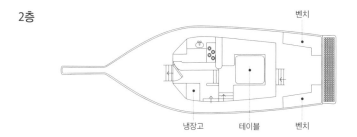

벤치

냉장고　테이블　벤치

조지의 부엌(왼쪽)과
거실(오른쪽). 흰 의자
아래 식료품이
보관되어 있다.

3층

침대　냉장고　침대

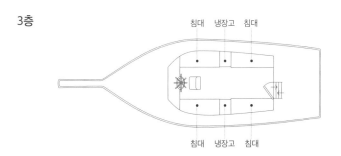

침대　냉장고　침대

조타실(함교) 겸 선장실(왼쪽)
승조원용 침대(오른쪽)

든 순간의 감개무량과 감격에 대해서는 이 책 곳곳에서 다시 만날 수 있을 것이다.

선미 쪽으로 나가면 이 배의 탑승구가 있다. 한 단을 내려가면 갑판이 있는데 여기서 상륙용 고무보트로 갈아탄다. 고무보트는 두 척인데 마벨호에 밧줄로 묶여 있다. 마벨호가 기세 좋게 달리면 두 척의 고무보트는 충실한 가신처럼 좌우를 호위하며 따라온다. 뭔가 영화 〈스타워즈〉에 나오는 우주선 같기도 하다. 왜 고무보트가 두 척 필요한지도 차차 알게 된다.

탑승구 공간에서 배 쪽으로 계단이 붙어 있고, 거실 바로 위에 조타실과 선원들의 방이 있다. 방이라 해도 조타실에 소파 겸용 침대 2개, 연결된 방 양쪽에 검소한 2층 침대가 설치되어 있는 정도다. 이번 스케줄은 강행군이어서 마벨호는 밤 동안에 섬과 섬 사이를 항해하는 경우가 많아 키는 뷔코 선장 외에 구아포 부선장, 선원 홀리오가 교대로 담당해주었다. 그래서 그들은 이곳에서 잠을 잤다.

요리사 조지, 통역사 미치도 이 큰 방을 사용했다. 그리고 현지 네이처 가이드인 차피. 이들은 스페인어가 모국어인 아미고다. 늘 늦은 밤까지 선미 공간에 앉아 즐겁게 이야기꽃을 피웠다. 우리는 그 울타리에 들어갈 수 없다.

승조원들과 우리 승객 사이에는 비교적 엄격한 암묵적 선이 존재했다. 잠을 자는 장소는 이렇듯 배의 위와 아래. 식사 시간에도 테이블에 둘러앉아 먹는 것은 우리 승객과 뷔코 선장뿐. 승조원들은 모두 부엌에 서서 식사한다.

우리가 올라타자마자 마벨호는 엔진의 굉음을 뿜으며 출항했다. 새벽 1시가 넘은 시간. 어두운 아요라항을 뒤로하고 컴컴한 바다로 나왔다. 속도는 얼마나 될까? 침대 측면 작은 창으로 파도 소리가 들린다. 나는 좁은 침대에 몸을 눕히고 낮은 천장을 응시했다. 여행은 시작되었다. 초저녁에 잠깐 눈을 붙였을 뿐이라 나는 금세 선잠 속으로 빠져들었다. 파도를 가르는 소리가 꿈속으로 섞여 들어오고 있었다.

로고스 vs. 피시스

《비글호 항해기》에서도 《둘리틀 선생의 바다 여행》 혹은 헤위에르달의 《콘티키》에서도 이 문제에 대해서는 제대로 명기되어 있지 않다. 하지만 아무리 멋지게 배에 올라타고, 거친 파도에 맞서 항해라는 모험을 시작했다 해도 피해 갈 수 없는 생명의 피시스가 있다. 피시스는 자연 그 자체를 말한다. 피시스는 로고스(언어=논리=구조)의 반대편에 있는 생명 자체의 확산, 자연의 있는 그대로의 모습이며 그야말로 내가 이 갈라파고스 여행을 통해 다시 보고자 하는 핵심적인 주제이다. 생리학physiology, 내과의physician, 물리학physics,

이 영어 단어들의 접두사인 'physi-'는 바로 피시스physis라는 그리스어를 어원으로 하고 있고, 이것은 즉 세상의 있는 그대로의 상태, 천연 혹은 자연을 말한다.

피시스의 전체상은 로고스의 틀 밖으로 밀려나기 쉽다. 왜냐하면 로고스는 인간의 뇌가 세상을 잘라내어 선분을 긋고, 논리를 추출하여, 편의대로 구축한 정돈된 인공물이기 때문이다. 이 점은 이 책의 다른 장에서도 본격적으로 고찰할 생각이다.

다윈도 둘리틀 선생도 헤위에르달도 언어화되어 있지 않은 피시스에 대해 반드시 한마디 언급했더라면 하는 아쉬움을 토로하며 이 장을 시작했는데 생명의 가장 극적인 피시스=자연을 꼽으라면 그것은 곧 화장실과 관련된 문제다.

지금 《비글호 항해기》 표지 다음 장에 실려 있는 비글호의 스케치를 다시 자세히 봤는데, 어디에도 화장실toilet이나 욕실bathroom이라는 말이 기재되어 있지 않다. 하지만 분명 있었을 것이다. 배 한구석 어두침침한 곳 어딘가에. 여러 개가 나란히. 비글호에는 70명이 넘는 우락부락한 사내들이 타고 있었으므로 언제나 화장실에는 누군가가 웅크려 앉아 있었을 것이고, 그 필연적 귀결로서 상시, 오물의 비말 등등으로 질퍽하게 더러워지고, 종국에는 악취로 가득했음에 틀림없다. 상상만으로도 무섭다. 하지만 이것이야말로 피시스인 것이다. 명문가 출신인 다윈이 용케도 이 현실을 잘 참아냈구나 감탄하게 된다. 그러므로 이번 여행의 거짓 없는 피시스에 대해 여기명확한 기록을 남기는 일은 생물학자로서 그리고 박물학자로서 내 책무라고 생각한다.

98쪽의 그림 마벨호 내부를 보자. 이것은 마벨호의 평면도다. 이 그림에 나타나 있듯 이런 작은 마벨호(승조원 8명)조차 화장실은 3개나 있다. 하지만 3개라도 종종 혼잡했다. 즉, 끊임없이 앞 사람이 있었다. 들어가려 하면 문이 잠겨 있는 것이다. 이 충격은 꽤 크다. 대개 같은 배에서 같은 생활을 하고 같은 음식을 먹는 인간들의 바이오리듬은 같다. 그러므로 나는 비글호가 대체 어떤 상황이었을지 더더욱 걱정이 된다.

그런데 마벨호의 화장실은 하나같이 정말 작아서 사방 1미터도 되지 않는 정도였다. 비행기 화장실을 생각하면 될 것 같다. 비행기 화장실 정도거나 약간 더 넓은 정도다. 거기에 둥근 변기가 설치되어 있고, 둥근 변기 커버가 붙어 있다(그림 3 참조). 변기 커버가 붙어 있는 것만 해도 다행인지 모른다(산크리스토발섬의 키커록에 갔을 때 이용한 보트의 화장실은 어둡고 바닥은 정체불명의 액체로 축축히 젖어 있고, 문은 꽉 닫히지 않았으며, 게다가 변기에는 커버가 없었다). 단, 마벨호 화장실은 작기는 하지만 밖이 내다보이는 작은 창이 나 있어 일렁이는 파도를 볼 수 있었다. 밤에도 밝은 조명이 비추고, 게다가 바닥은 파란 발수 페인트로 도장되어 있어 최소한의 청결은 유지되었다. 이것은 구원의 손길이었다(부지런한 만능 일꾼 훌리오 덕분이기도 했다).

하지만 도시인에게는 당연한 수세식 화장실은 물론 아니다. 버튼

하나로 탱크에서 물이 시원하게 쏟아져 나와 모든 것을 순식간에 쓸어내려주는 **평범한** 화장실이 얼마나 그리웠던가. 그렇다고 해서 재래식 변소는 아니다(만약 오로지 구멍만 뚫려 있었다면 그 구멍으로 성난 파도가 역류하여 배는 순식간에 침수되고 말 것이다). 배의 화장실은 특수한 누름 펌프식이었다. 배에 올라타자마자 맨 처음 선장으로부터 들은 이야기가 화장실 사용법과 여러 주의사항이었다. 일단은 뭔가 '수세'식 화장실이라 부를 수는 있을 것 같은데, 이게 꽤나 곤란한 물건이었다.

손으로 누르는 펌프의 아랫부분은 막대와 콕이 붙어 있다. 콕의 9시 위치에는 '드라이dry', 3시 위치에는 '플러시flush'라고 써 있다. 콕을 플러시 위치에 놓고 막대를 위로 당기면 물이 흡인되고(이는 물론 귀한 담수가 아니라 해수를 퍼 올리는 거라 생각한다. 하지만 맛을 볼 수는 없다), 막대를 내리면 물이 변기 안으로 주입된다. 하지만 한 번 막대를 올렸다 내리는 것만으로 펌프가 흡인, 방출할 수 있는 물은 소량이다. 아마 물 한 컵 정도 분량일 것이다. 그러므로 물을 충분히 내리려면 막대를 여러 번 올렸다 내려야 한다. 그때마다 엄청난 소리가 울려 퍼진다. 쿠르륵, 쿠르륵, 쿠르륵. 그 소리는 웃기기도 하고 한편으로는 구슬프기도 하다.

그다음은 콕을 드라이 위치에 놓는다. 그러면 해수 급수 밸브가 닫힌다. 이 상태에서 막대를 당기면 변기 안의 물이 바닥의 구멍을 통해 안으로 빨려 들어가고, 막대를 내리면 그 물이 다시 덕트 깊숙

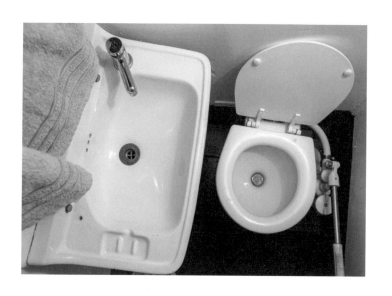

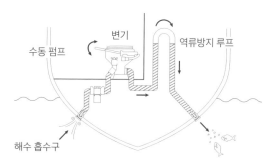

수동 펌프

변기

역류방지 루프

해수 흡수구

[그림 3] 마벨호의 변기(위)와 화장실 시스템(아래)

이 밀려 나가는 시스템이다. 쿠르륵, 쿠르륵, 쿠르륵.

지금 이렇게 머릿속으로 정리해보니, 이제야 이 시스템이 비교적 간단하고 합리적이라는 게 이해가 된다(배 안에서는 뭐든 간단하고 튼튼한, 또한 가능한 한 전기나 연료가 필요 없는 시스템이 필요하다). 하지만 배에 타자마자 화장실 설명을 들은 우리는 이 시스템이 바로 이해되지는 않았다. 게다가 배수 덕트가 좁은 탓인지 펌프의 압출력이 약해서인지 모르겠지만 종종 덕트가 막히거나 역류하여 기능이 그다지 원활하지도 못했다.

무엇보다 초보적인 실수는 플러시와 드라이의 구분을 헷갈리는 것이다. 화장실에 들어가 용변을 본다. 일단 우리 도회지인들은 1초라도 빨리 배설물을 물로 씻어내리고 싶은 마음에 서둘러 플러시로 물을 채우고, 밖으로 내보내려고 막대를 올렸다 내렸다 반복한다. 하지만 이렇게 하면 급수는 되지만 오물은 흘러 내려가지 않고 점점 변기의 수위가 높아지는 악몽 같은 일이 펼쳐진다. 화장실 안은 고립무원. 흘러넘치면 그야말로 비극이다. 기차역의 공중화장실이 아니기 때문에 그대로 두고 사라질 수도 없다. 이런 자신의 피시스를 눈앞에서 보게 된다.

이런 일도 있었다. 콕이 플러시 위치에 있는 상태에서 배가 거친 파도를 헤치며 달리면 해수가 역류하여 덕트 내부에 머물고 있는 오수와 함께 변기 안으로 밀고 올라온다. 이를 모르고 화장실에 들어가려 문을 열면 두 눈은 변기 가득 찰랑이는 갈색 물을 맞이하게 된다.

마치 누군가가 물을 내리지 않고 가버린 것처럼 말이다. 이 사태를 어떻게든 해결해야만 한다. 이런저런 일을 겪으면서 우리도 적응했고, 점점 요령을 익히게 되었다. 화장실에서 용변을 본 다음에는 드라이 상태, 아무튼 몇 번이고 막대를 온 힘을 다해 올렸다 내렸다 하여 오물을 펌프의 배출력으로 덕트 속으로 밀어 넣는다. 그리고 천천히 콕을 플러시에 놓고 물을 퍼 담는다. 다시 콕을 드라이에 놓고 물과 오물을 덕트 안으로 밀어 넣는다. 쿠르륵, 쿠르륵, 쿠르륵. 이렇게. 이 소리는 거실에 있어도, 복도에 있어도, 심지어 배의 갑판에 있어도 들려온다. 그러므로 배의 어딘가에 있으면서 이 소리가 들려오면 아아, 또 누군가가 고군분투하고 있구나, 하는 생각이 든다.

그런데 피시스는 또 있다. 수동 펌프로 흘려 내보내진 것은 대체 어디로 가는 걸까? 비행기나 고속열차에는 어엿한 오물 탱크가 있어 공항이나 차량기지에서 회수와 세정이 이루어진다. 환경보호에 전력을 다하고 있는 갈라파고스 국립공원이니 이 부분에 대해서도 엄격하게 규제하고 있을 거라 생각했는데 그렇지 않았다. 이 사실은 바로 판명이 났다.

깊은 밤, 항해에 나선 우리의 마벨호는 이튿날 아침 일찍 첫 번째 목적지인 플로레아나섬 푸에르토 벨라스코 이바라Puerto Velazco Ibarra(벨라스코 이바라항)만에 도착하여 그곳에 정박했다. 갑판으로 나간 우리는 감격에 겨워 조용히 해수면을 바라보고 있었다. 이것이 갈라파고스의 바다다. 인간은 우리밖에 없다.

그 순간, 선체 가까운 곳의 수면에 물결이 일면서 밑에서 거품 같은 것이 올라왔다. 우리는 처음에는 그것이 커다란 물고기나 바다 생물의 움직임일 거라고 생각했다. 그런데 말이다. 선체의 내부에서 그 소리가 울리기 시작한 것이다. 쿠르륵, 쿠르륵, 쿠르륵. 동시에 대량의 갈색 오물이 바닷물로 퍼져나갔다. 실상은 이랬던 것이다. 누군가가 화장실을 사용하면 그 결과는 모두 바닷속으로 방출되고 있었던 것이다.

하지만 다시 생각해보면 이는 이대로 피시스의 원리에 따른 가장 합리적인 처리법이라고도 할 수 있다. 바다의 생명은 물고기도 바다사자도 거북도 혹은 작은 플랑크톤조차 자신의 배설물을 모두 바다로 방출한다. 이는 모두 유기물이나 영양염류이고 바닷물에 희석되면서 또 다른 생명체로 전해지고, 이 생명의 동적평형 안에서 단 1회뿐인 대사 회전에 참가하고, 또 환경 속으로 흘러나가는 것이다. 이 흐름 자체가 생명 현상을 지탱하고 흐름으로서의 생명 현상 자체를 성립시키고 있다. 그러므로 사람 또한 이 지구 속 생명의 일환을 담당하는 존재로서 이 흐름에 참여하는 것은 결코 이상한 일이 아니다. 오히려 자연스러운 일이다. 쿠르륵, 쿠르륵, 쿠르륵. 이 소리는 피시스의 흐름에 참여한다는 신호탄이기도 한 것이었다.

똥, 오줌, 하혈, 생리혈, 침, 가래, 콧물, 땀, 정액, 그 밖에 온갖 체액… 이들은 모두 우리 생명을 구성하고 있는 자연의 일부이며 그것은 원래 조금도 '불결' 혹은 '부정'한 것이 아니다. 대사의 결과 생산

되는 유기화합물이나 이온, 세포 혹은 그 단편으로 이루어지는 생명의 지극히 평범한 소재이다. 소변이나 피나 정액 안에는 그 사람이 건강한 경우, 세균은 존재하지 않는다. 모든 것은 깨끗한 액체이다. 똥에는 장내세균(및 그 사체)이 대량 포함되어 있지만 그것은 우리 내부의 공생자이며, 기생체도 병원체도 아니다. 즉 이물질이 아니다. 사실 똥이든 오줌이든 그것들이 내 몸 안에 있을 때 우리는 그것을 더럽다고 인식하지 않는다. 하지만 일단 몸 밖으로 나오면 우리는 바로 기피 반응을 보이고 만다. 가능한 한 눈에서 멀리하려 하고 가능하다면 빨리 씻어내려고 한다. 왜일까? 그것은 로고스가 이런 몸 밖으로 나오는 것들을 싫어하기 때문이다. 로고스는 이들을 픽션으로 만들거나 혹은 금기한다. 왜 그럴까? 로고스는 자신이 가진 논리의 힘으로 자신 즉, 인간을 다른 동물 위에 우뚝 솟은 특별한 존재의 지위로 밀어 올렸다. 그러므로 로고스는 자신의 언어적 힘으로 제어할 수 없는 것을 늘 두려워하는 것이다. 인간을 다른 생물과 같은 지평으로 끌어내리는 것을 극도로 멀리하려는 것이다. 로고스가 제어하지 못하는 것, 인간을 동물로 만드는 것. 그것은 바꿔 말하면, 생명의 생명다운 피시스의 발현, 즉 탐하고, 배설하고, 피를 흘리고, 체액을 분비하고, 성교를 하고, 산도로 출산하는 것이다. 그런고로 로고스는 이들을 은폐하고, 언어가 닿지 않음을 깨닫지 못하도록 금기로서 봉인한다.

단, 이 피시스의 발현 속에서 유일하게 먹는 행위만큼은 식탐이 야만스럽게 겉으로 노출되지 않는 한, 로고스에 의한 은폐와 금기로부터 도망쳐 오히려 친목과 향연의 행위로 공공연히 찬양받게 되었다. 이는 서슴없이 이야기되고, 공유된다. 왜일까? 이상하다면 이상한 일이다. 사람도 동물도 먹고 성교를 한다. 같은 피시스적 행위인데 먹는 것과 성은 각각 인간의 문화 속에서 왜 이리도 다른 취급을 받는 걸까? 많은 언어권에서 발견할 수 있는 이 두 가지 행위에 대한 표현적 유사성 그리고 성과 먹는 것의 문화적 공통성에 관해서는 아카사카 노리오의 역작 《성식고性食考》에서 광범위하게 고찰하고 있으므로 참조하길 바란다. 하지만 왜 먹는 것은 이다지도 공개적이고, 성은 이다지도 폐쇄적인가는 누구도 충분한 답을 내놓지 못하고 있다고 생각한다. 이 갈라파고스 여행에서 나는 이 물음에도 적극적으로 답하고자 한다. 힌트를 약간 준다면, 그것은 인in과 아웃out의 차이가 아닐까? 오로지 삼키기만 하는 행위에는 아직 로고스가 두려워할 만한 끔찍한 엔트로피 증대 법칙의 모습이 드러나 있지 않다.

그건 그렇고, 배의 화장실 사정에 대해 한 가지 더 언급해두어야 할 게 있다. 그건 화장지 문제다. 우리에게 화장실 사용법에 대해 한바탕 설명을 마친 뷔코 선장은 마지막으로 이렇게 엄명했다. "화장지는 절대 변기 안에 넣으면 안 된다. 파이프가 막히기 때문이다. 그리고 환경에도 좋지 않다. 그러므로 사용한 화장지는 반드시 여기에 버려야 한다"며 그가 가리킨 것은 구석에 있는 작은 휴지통이었다.

나는 내심 놀랐지만 아무 말도 하지 않았다. 그 자리에 있던 누구도 아무 말 하지 않았다. 아마 할 수 없었으리라. 온수에 세정까지 되는 변기에 익숙한 우리에게 자신이 사용한 화장지를 그대로 휴지통에 버리라니, 있을 수 없는 일이다! 아무리 겹겹이 말았다고 해도 그것을 획 하고 발밑에 버리다니. 절대적인 저항감이 든다. 로고스에 의한 금지 압력은 이렇듯 강렬하다. 그렇지 않아도 펌프식으로 된 이 작은 화장실에 앉아 거센 파도에 흔들리는 다리에 힘을 주면서 용변을 봐야 하는데, 안 그래도 자신 없는데 엎친 데 덮친 격이다. 확인 사살을 당했다. 나는 그날부터 변비에 걸렸다. 대체, 다윈도, 둘리틀 선생도, 헤위에르달도, 이 문제를 어떻게 해결했단 말인가.

플로레아나섬

플로레아나섬
ISLA FLOREANA

생명의 시작

찰스 다윈이 탄 영국 군함 비글호가 플로레아나섬에 기항寄港한 것은 1835년 9월 23일이었다. 비글호는 남아메리카 대륙을 따라 갈라파고스 제도에 근접해 맨 처음에는 산크리스토발섬에 도착, 그다음 이 플로레아나섬, 이사벨라섬, 페르난디나섬 그리고 적도를 넘어 유턴하여 산티아고섬을 돌았다.

우리도 플로레아나섬부터 이 항로를 따를 예정이다. 우리가 이 섬에 주목한 것은 수원지가 있기 때문이다. 화산열도로 생성된 갈라파고스 제도 대부분은 용암지대이고 강수량도 적어 용암의 벌어진 틈으로 흘러 들어가기 때문에 담수가 고여 있는 곳이 거의 없다. 물론 하천도 연못도 없다. 물이 고여 있는 곳은 바닷물 혹은 바닷물이 증발해서 생긴 염호鹽湖다. 이 점 때문에 인간은 오랫동안 갈라파고스에 발을 들여놓을 수 없었다. 물론 많은 다른 생물에게도 마실 물을 얻을 수 없는 환경에서 생존해나가기란 어려운 일이다. 이곳에서는 건조한 환경을 견디고 적은 빗물만으로 연명하는 특성을 가진 생물만이 진화했다.

1832년, 에콰도르는 갈라파고스 제도의 영유권을 주장하며 이곳을 국토로 확보했다. 이제 갓 독립하여 아직 국내외에 혼란이 남아 있던 에콰도르가 구미 제국이 그 촉수를 뻗쳐오기 전에 기민하게 행동한 덕에 갈라파고스의 생태계와 자연환경이 오늘날까지 보전되었음은 틀림없는 사실이다. 실제로 비글호가 도달한 것은 불과 몇 년 후였다. 표면적인 목적은 자연 조사와 해도 측량이었지만 비글호는 훌륭한 군함이다. 만약 그들이 갈라파고스에 도착했을 때, 갈라파고스가 아직 어느 나라에도 속해 있지 않은 섬이었다면 그들은 곧장 해안에 유니언잭을 꽂았을 것이다.

에콰도르가 왜, 마침 이 시기에, 갈라파고스 제도 영유권을 주장하게 되었는지 그 과정과 역사적 사실을 확인하고 싶어진 것도 이 여행의 동기 중 하나다. 몇몇 서적에 따르면 에콰도르를 거점으로 해운업이나 무역업을 하던 호세 데 비야밀José de Villamil이라는 유력한 상인이 당시 (초대) 대통령이었던 후안 호세 플로레스Juan José Flores에게 갈라파고스를 차지할 것을 진언한 것으로 나와 있다. 비야밀은 물도 자원도 없는 갈라파고스의 무엇에 흥미를 느꼈던 것일까? 지정학적인 위치일까?

물론 영유권을 주장하는 것만으로는 구미 열강의 압력을 물리치기에 충분하지 않다. 갈라파고스가 에콰도로의 영토임을 기정사실화하기 위해 소수의 이민단이 꾸려졌고 이주가 시작되었다. 바로 이 플로레아나섬이었다. 플로레아나섬 서쪽 기슭에 작은 취락이 형성되었다. 이 또한 수원지가 있었기 때문이었다. 플로레아나섬의 수원지란 대체 어떤 것일까? 사람들의 생명을 이어 내려오게 해준 소량의 담수. 그것을 내 눈으로 확인해보고 싶었다.

마벨호의 좁은 객실에서 눈이 떠졌다. 7시 전. 현창으로 아침의 하얀 빛이 내리꽂히고 있었다. 몸을 웅크리고 작은 창 너머로 밖을 내다보니 섬 그림자가 바로 가까이에 보였다. 둥근 산이 여럿 이어져 있고, 산의 표면은 초록으로 덮여 있다. 그렇다. 갈라파고스는 해저화산의 분화로 생긴 용암 섬이기는 하지만 섬마다 모습은 전혀 다르다. 섬의 나이에 따라 그 차이가 생긴 것이다. 플로레아나섬은 갈라파고스제도 중에서도 오래된 노인 섬이다. 노인이기는 한데 수백만 년 전에 태어난 노인이다. 그동안 화산의 풍화가 진행되고 식물도 번식했다. 미생물이 생육하고 토양도 형성되었다. 흙 또한 생명 활동의 산물이다. 물을 구할 수 있는 것도 이 때문이다. 해안을 따라서는 작은 집과 건물이 몇 채 보인다. 19세기 정착민들의 후예일까. 분명 다윈이 1835년, 비글호에서 보았던 풍경과 거의 달라진 게 없음에 틀림없다.

적은 양의 물로 얼굴을 씻고, 배 위층 갑판에 오르니 요리사 조지가 벌써 아침 준비를 하고 있다. 갓 구운 토스트, 햄, 치즈, 스크램블드에그, 과일 그리고 커피. 보자마자 식욕이 돌았다. 이 여행 내내, 매

식사 때마다 좁은 부엌에서 실력을 발휘해 요리해주는 조지의 식단은 얼마나 힘이 되었던가. 먹는 행위는 곧 생명을 유지하는 것. 먹는 일은 생명에 있어 가장 기본적인 피시스(자연)라 할 수 있는 행위지만, 특히 이번 여행처럼 배라는 좁은 공간에 갇힌 제한된 상황에서는 식사 시간이야말로 가장 평온해지는 한때였다. 이는 아마 (나는 거의 경험이 없지만) 기숙사 생활, 군대, 형무소 등에서도 그렇지 않을까. 조지의 멋진 식사에 대해서는 다른 장(186쪽)에서 사진으로 소개하자.

배를 채운 후 드디어 플로레아나섬에 상륙했다. 마벨호는 만 안쪽 난바다(바다에서 멀리 떨어진 바다 – 옮긴이)에 정박하고, 접안接岸(배를 육지에 댐 – 옮긴이) 때는 고무보트를 사용한다. 나는 짐들을 배낭에 넣은 후 경등산화를 신고 마벨호 선미 갑판에서 고무보트로 폴짝 뛰어내렸다. 고무보트에는 소형 추진기가 장착되어 있다. 운전은 부선장 구아포 담당이다.

보트는 천천히 섬을 향해 다가간다. 항구에는 일단 잔교棧橋(부두에서 선박에 닿을 수 있도록 설치한 다리 모양의 구조물 – 옮긴이)가 있고, 콘크리트로 된 계단이 바다를 향해 나 있다. 그곳에 보트를 측면으로 댔다. 나는 계단을 올라 잔교 위에 섰다. 맨 먼저 눈에 들어온 것은 누워 있는 커다란 바다사자였다. 녀석의 새끼인지 작은 바다사자와 딱 붙어 자고 있다. 우리가 다가가도 전혀 움직일 기색이 없다.

그다음 눈에 들어온 것은 바다이구아나였다. 자세히 보니 여기에도 저기에도 있다. 바다이구아나는 공룡의 직계자손이라 해도 좋을 만큼 당당한 풍모를 자랑한다. 감격스러웠다. 고질라 같은 무서운 얼굴. 어두운 눈. 크게 찢어진 입. 날카로운 이빨. 간혹 보이는 입 속은 새빨갛다. 비늘로 덮인 딱딱하고 검은 몸은 큰 개체의 경우 1미터가 넘는다. 그리고 특징적인 것은 '갈기'다. 머리 뒤부터 등을 지나 꼬리 끝까지, 톱처럼 생긴 볏이 이어져 있다. 이들은 땅에 네 발을 단단히 딛고 머리를 우뚝 치켜들고 있다. 하지만 거의 미동도 하지 않는다. 마치 동상처럼. 실제로 이 항구에는 촌락의 발전에 공헌한 인물의 동상이 있었는데, 어떻게 저렇게 높은 곳까지 올라갔는지 높이 1미터 정도 되는 동상의 기단 위에도 여러 마리가 꼼짝 않고 앉아 있었다. 이구아나들도 사람을 무서워하지 않는다.

통역 가이드 미치 씨가 말했다. "갈라파고스에서는 동물들과 약 2미터 정도 거리를 유지해주세요." 바다이구아나도 인간이 지근거리로 너무 다가가면 콧구멍으로 물을 뿜으며 경계 동작을 취한다고 한다. 하지만 있던 자리에서 도망치려고는 하지 않는다.

전 세계에서 갈라파고스에만 서식하는 이 기괴한 대형 도마뱀이 갈라파고스에는 천지에 있다. 게다가 엄청난 수가 무리 지어 있다. 그래서 미안하지만 감격은 초반에만. 이구아나는 바로 진귀한 생물이 아니게 되고 말았다. 이구아나가 지나간 모래밭에는 직선으로 한 줄의 흔적이 남는다. 꼬리가 나이프를 세워놓은 것처럼 수직의 형태이기 때문이다. 바다이구아나는 이름처럼 바다에서 헤엄을 친다.

잠수도 할 수 있다. 바다 밑 바위에 붙은 해조를 뜯어 먹는다. 다른 장소에서 실제로 수영하는 모습을 봤는데 정말 능수능란했다. 네 다리를 몸에 딱 붙이고 머리를 수면 밖으로 내밀고 평평한 꼬리를 휘저으며 쑥쑥 헤엄을 친다. 이구아나는 파충류이므로 폐호흡을 하는데, 몇십 분이나 잠수를 할 수 있다고 한다. 해가 높이 뜨고 충분히 체온이 올라서 운동하기에 적합한 때가 올 때까지 이구아나들은 기다린다. 그러므로 그들은 해가 잘 드는 곳에서 가만히 있다.

갈라파고스의 이구아나 중에는 이 바다이구아나 외에 육지에 서식하며 선인장이나 풀을 먹는 육지이구아나도 있다. 육지이구아나에 대해서는 이후 이사벨라섬에서도 만나게 되므로 그때 다시 이야기하기로 하자. 이 두 이구아나의 선조는 먼 옛날 갈라파고스에 떠내려와 각자의 생태적 지위를 찾아 생활 양식이 점차 나뉜 것으로 짐작하고 있다. 지금은 색이나 형태도 다르지만 종으로서 가깝다는 증거로 서로 교배하는 경우가 가끔 있다고 한다.

갈라파고스의 생물들은 왜 이렇게나 인간을 무서워하지 않는 걸까? 그들이 사람의 흉폭함이나 위험을 결코 모를 리 없다. 이는 다윈도 느꼈던 의문이다. 앞으로 여행하면서 생각해 봐야겠다.

미치 씨가 바닷가 벼랑 오두막에 세워두었던 자전거에 훌쩍 올라타더니 어딘가로 갔다. 곧 그는 픽업트럭 한 대와 운전기사를 데리고 왔다. 이런 위험한 일을 할 수 있는 건 역시 에콰도르에서 나고

자라 스페인어가 모국어이기 때문이다. 여기서는 누구와도 금방 아미고(친구)가 되어야 한다.

우리는 그 픽업트럭을 탔다. 가이드 차피 씨와 미치 씨는 짐칸에 탔다. 한참 동안 외길을 달렸다. 양옆은 경작지라서 넓은 평야가 펼쳐져 있지만 지금 계절에 작물은 보이지 않았다. 산으로 조금 진입하니 더 이상 차가 들어갈 수 없었다.

"여기서부터는 걷겠습니다" 하고 미치 씨가 말했다. 하늘이 약간 흐린 걸 보니 비가 내릴 것 같았다. 미치 씨는 운전 기사에게 운임을 지불하고 스페인어로 두세 마디 주고받았다. 나중에 데리러 올 시간을 정하는 것 같았다.

우리는 산길을 걸었다. 드문드문 스칼레시아라는 나무가 있다. 빗방울이 똑똑 떨어졌다. 나는 서둘러 배낭에서 몽벨 비옷을 꺼내 걸치고 후드를 뒤집어썼다. 네이처 가이드 차피 씨도, 통역사 미치 씨도 현지인은 이 정도 비에는(그리고 그것이 가령 모래 섞인 비라 해도) 전혀 동요하는 법이 없다. 비는 내릴 때 내리고, 그치면 바로 마른다. 생생유전生生流転(거듭나서 흘러 변한다는 뜻으로, 만물이 끊이지 않고 변해 감을 이르는 말—옮긴이), 태연자약泰然自若(마음에 어떠한 충동을 받아도 움직임이 없이 천연스러움—옮긴이). 이 부분이 도회지에서 자란 가짜 박물학자와 진짜 박물학자의 뚜렷한 차이다.

좀 더 가니, 갑자기 시계가 탁 트이며 공터가 나왔다. 그곳에 갈라파고스땅거북들이 있었다. 이것이 그 유명한 갈라파고스땅거북인

가. 그 거대함에 놀랐다. 가장 가까이 있는 녀석을 보니 돔형 등딱지의 길이가 1미터 정도. 무게는 200킬로그램은 될 것 같다. 튼실한 다리로 땅을 딛고서 열심히 풀을 먹고 있다. 주위에서 소리가 나기에 둘러보니 여기저기에 크고 작은 땅거북이 있었다. 모두 먹이를 먹고 있거나 움직임 없이 가만히 있다. 나는 그곳에서 잠시 땅거북의 모습을 관찰하고, 사진을 찍고, 스케치와 메모를 했다. 땅거북들은 우리가 접근하고 있는 것을 전혀 눈치채지 못한 것 같았다. 여기서도 야생동물이 인간을 전혀 무서워하지 않는다는 것, 그리고 세상에서 가장 진귀한 생물이 이곳에 오면 아주 흔한 생물이 된다는 기묘한 현실을 받아들이는 데 약간의 시간이 걸렸다. 눈앞에 있는 땅거북의 등딱지는 비에 젖어 갈색으로 빛나고 있었다. 손을 뻗어 만져보고 싶어졌다. 만약 그렇게 해도 땅거북은 아무런 반응도 보이지 않고 계속 먹이를 먹겠지. 하지만 나는 그 유혹을 어렵게 참았다. 이곳 갈라파고스에서는 야생동물과 적정한 거리를 두지 않으면 안 된다.

사실 이 플로레아나섬에 원래 서식하던 땅거북은 멸종했다. 인간의 남획 때문이었다. 다윈의 《비글호 항해기》(헤이본샤, 아라마타 히로시 옮김)에는 다음과 같이 적혀 있다.

(1835년) 9월 23일, 비글호는 찰스(플로레아나)섬으로 향했다.
상당히 옛날부터 이 군도에 사람이 상륙해왔다. 처음에는 해적이, 나중에는 고래잡이가 이곳에 들락거리기 시작했으나 소규모의 개척민들이 온 것은 불과 6년 전 일이다. 주민 수는 200에서 300명 사이다. 다양한 피부색을 가진 사람들이 모여 있고 (중략) 주민들은 생활이 어렵다고 투덜댔지만 살아가는 데 필요한 식량은 고생하지 않고 손에 넣을 수 있었다. 숲에는 야생 돼지와 염소가 많다. 하지만 동물성 식량은 주로 땅거북으로부터 얻을 수 있다. 물론 거북의 수는 이 섬에서도 크게 감소했다. 하지만 사람들은 이틀 사냥으로 일주일의 나머지 일수를 감당할 만큼 사냥감을 얻을 수 있다고 계산한다. 이전에는 한 척의 배가 700마리의 거북을 운반했다고 한다. 수년 전, 프리깃함 승조원이 하루에 200마리의 거북을 항구로 운반해 하역했다고 한다.

그렇다. 사람을 무서워할 줄 모르는 땅거북들은 이렇게 쉽게 인간의 먹이가 되고 말았던 것이다. 장기간 항해를 하는 뱃사람들에게 땅거북은 귀중한 단백질원이었다. 건조함을 잘 견디고 기아에도 강한 땅거북들은 배의 갑판 혹은 선창에 던져두면 물이나 먹이를 주지 않아도 1년 가까이 산다. 필요할 때 죽여서 등딱지를 벗겨내면 신선한 고기를 얻을 수 있다. 또한 땅거북들은 체내에 대사수代謝水라는 수분을 지니고 있기 때문에 이것이 담수 보급을 대신해주기도 했다. 말하자면 인간에게 알맞은 식량원이 되는 것이다. 그러므로 갈라파고스를 오간 해적선, 포경선, 군함에 의해, 그리고 사람들의 이주가 시작된 후로도 땅거북은 끊임없이 남획되었다. 게다가 땅거북의 고기는 뛰어나게 맛있다고 한다.

다윈도 갈라파고스에 체류하는 동안 땅거북 고기를 몇 번이나 먹고는 그 맛을 칭찬했다.

> 섬의 고지대에 있는 동안, 우리는 거북 고기만으로 살았다. 홍갑 위에 고기를 올려 구운 요리(가우초가 카르네 콘 쿠에로 Carne Con Cuero(껍질 있는 불고기)를 만드는 느낌이다)는 꽤 맛있었다. 어린 거북은 대단히 훌륭한 수프가 된다.
>
> _《비글호 항해기》

아마 가슴 껍질을 프라이팬 삼아 불에 올렸던 모양이다. 우리도 자라 등딱지 테두리의 연한 고기나 용봉탕(자라 등으로 만든 보양식−옮긴이)을 진미로 여기니, 거북 고기가 특별식인 것도 무리는 아니다. 하지만 이 때문에 플로레아나섬의 갈라파고스땅거북은 한때 절멸되었다. 내가 본 것은 최근 몇 년 동안 갈라파고스의 자연을 보호하는 분위기가 강해지면서 유네스코의 지원으로 찰스다윈연구소가 건립되고, 갈라파고스 국립공원국의 번식 계획으로 인공부화와 생육이 이루어져 이곳에 새끼 거북들이 돌아온 결과다.

우리 여행의 네이처 가이드(그리고 일탈 행위를 하지 않도록 감시하는

차피 씨가 젊은 시절 땅거북을 운반하던 때의 사진 앞에서
(산타크루스섬 찰스다윈연구소)

역할도 맡은) 차피 씨도 젊었을 적, 국립공원국 직원으로서 땅거북의 번식 계획을 위해 수십 킬로그램이나 되는 땅거북을 등에 지고 섬에서 섬으로 이송하는 작업을 했다. 그때의 사진이 지금도 찰스다윈연구소에 있는 번식 장소에 전시되어 있다.

이밖에 인위적인 것이 하나 더 있다. 다윈이 기술한 내용에도 있듯이 가축의 무제한 이입이 있었다. 이전까지 갈라파고스 제도에는 대형 포유동물이 전혀 존재하지 않았다. 넓은 바다가 포유동물의 도항을 막았기 때문이다. 도항에 성공해 미미하게 생존할 수 있었던 포유류는 작은 쥐와 박쥐뿐이었다. 그렇기에 갈라파고스 제도는 땅거북이나 이구아나 같은 파충류의 천국이 될 수 있었다. 이런 생태계의 균형이 인간의 도래와 함께 크게 흔들리게 되었다.

이주민들은 다수의 염소와 돼지 같은 가축을 데리고 왔다. 이 불모의 토지에서 인간이 생활하기 위해서는 가축이 필수였기 때문이다. 이들은 다윈이 갈라파고스에 도달했을 무렵 이미 인간으로부터 도망쳐 야생화했음을 알 수 있다. 야생화한 염소와 돼지들은 땅거북의 천적이다. 염소는 관목이나 식물을 먹어 치움으로써 땅거북들의 먹이인 풀을 빼앗는다. 돼지는 땅거북의 알을 파헤쳐 먹는다. 이리하여 갈라파고스의 생명해류는 크게 변경되어 땅거북들이 궁지에 몰리게 되었던 것이다.

한참 후, 이 대형 포유동물로 인해 발생한 폐해도 문제가 되었다.

1970년대에 들어 각 섬에서 야생화한 염소를 박멸하는 계획이 잇따라 실시되었다. 야생 땅거북을 절멸시키더니 이번에는 야생화한 염소까지 박멸한다. 우리 인간은 대체 무슨 짓을 하고 있는 걸까.

수원지

갑자기 습도가 높아지기 시작했다. 갈라파고스에서는 12월부터 5월이 우기다. 생명에 귀중한 비가 내린다. 하지만 전체적으로 강수량이 그렇게 많은 것은 아니다. 이 계절도 춥지는 않다. 하지만 적도 바로 아래임에도 불구하고 너무 덥지도 않다. 이는 태평양에서 갈라파고스 제도 근방으로 한류(적도잠류)가 흘러들어오기 때문이다. 이 한류 덕에 갈라파고스 제도의 기온은 일년 내내 쾌적하다. 비가 그친 후 조금 휴식을 취했다. 상쾌한 공기와 바람의 분위기는 일본의 고원에서 여름의 끝자락을 보내고 있는 듯한 기분을 느끼게 했다. 아직 3월인데.

우리는 산길을 걸었다. 물 흐르는 소리가 들린다. 수원지가 가까이에 있다. 그곳은 바위산 표면에 생긴 틈, 마치 '암굴'과 같은 장소였다. 산에 내린 비가 복류수가 되고, 지하에서 여과된 다음 거기서 흘러나온다. 화산의 풍화가 진행되고, 토양이 생성되고, 녹지가 되고, 지하에 용수력容水力(흙이 수분을 보존할 수 있는 힘—옮긴이)이 생기지 않으면 복류수를 유지할 수 없다. 화산섬인 갈라파고스 제도에서 이런 담수를 얻을 수 있는 곳은 옛날에 생긴 섬뿐이다. 그것이 이 플로레아나섬인 것이다.

차피　　길에 땅거북 똥이 떨어져 있네요. 아마 저기 앞에 가고 있는

땅거북의 것 같아요.

후쿠오카　얼마 안 된 신선한 똥인데요. 내용물을 좀 살펴봐도 될까요?

(나뭇가지로 똥을 헤집어 안을 살핀다) 아, 섬유질이군요.

섬유질이라기보다는 나뭇잎이 그대로 있어요. 소화가 되지

않았군요. 판다 똥처럼요.

차피　　그렇지만 먹은 것의 영양분은 잘 섭취하고 있어요.

후쿠오카　안도 짙은 녹색이에요. 냄새도 거의 없고요.

차피	땅거북은 풀과 나무, 씨앗 같은 식물들을 먹으니까요. 반대로 갓 태어난 땅거북을 먹는 건 갈라파고스말똥가리예요. 육상 생물의 먹이사슬에서 가장 높은 곳에 있는 것이 말똥가리입니다.
후쿠오카	이런, 타깃이 되나요?
차피	말똥가리는 원래 갈라파고스땅거북에게 이곳 자연계의 유일한 적이에요. 하지만 요즘은 외래종의 수가 많아져서 쥐나 돼지가 문제죠.
후쿠오카	그런가요. 돼지가 땅거북의 새끼를 먹나요?
차피	땅거북의 알을 먹죠. 고양이는 갓 태어난 새끼 거북을 먹고요. 쥐는 둘 다 먹어요. 그래서 쥐가 최고의 적입니다.
후쿠오카	그렇겠군요. 쥐가 연한 땅거북을 먹어 치우는군요.

갈라파고스 제도의 생성과정

갈라파고스 제도는 언제쯤, 어떻게 생겼을까? 이 수수께끼에 대해 예로부터 많은 과학자가 가설을 제기해왔다. 그중 하나는 갈라파고스 제도는 과거 대륙과 육지로 이어져 있었으나 그 육지가 바닷속으로 함몰되어 남겨진 것이라는 가설이다. 실제로 갈라파고스 제도에서 보면 북동, 중남아메리카 방향의 해저에는 코코스 해령海嶺(해저 분지보다 2,500~3,000미터가량 솟아오른 대규모 바다 산맥-옮긴이)이라 불리는 해저 융기가 있고, 갈라파고스 제도에서 동쪽, 즉 에콰도르 방향에는 카네기 해령이라는 해저 융기가 있다. 이들 융기가 과거의 육지였던 흔적일지도 모른다는 것이다. 이 가설대로라면 갈라파고스의 생물들이 육지를 통해 도래한 시기가 있다는 얘기가 된다. 하지만 갈라파고스의 생태계를 보면 이 가설은 부자연스럽다. 갈라파고스에는 대형 포유류가 한 마리도 없다. 땅거북이나 이구아나와 같은 파충류는 있지만 개구리나 영원류(도롱뇽목의 도롱뇽과 생물-옮긴이) 같은 양서류는 없다. 곤충도 제한된 종뿐이고 남아메리카를 대표하는 모르포나비나 호랑나비 같은 아름다운 종, 혹은 헤라클레스왕장수풍뎅이나 코끼리장수풍뎅이 같은 대형 딱정벌레도 없다.

벌레를 좋아하는 내가 이번 여행에서 발견한 곤충은 아주 소수였다. 나비는 부전나비와 남방호랑나비, 나방은 작은 박가시나방. 잠자리. 그리고 벌, 쇠가죽파리와 파리, 모기 따위 정도였다.

식물군도 한정적이다. 스칼레시아나 팔로산토 나무 그리고 건조에 강한 선인장. 이런 한정된 생태계는 과거 대륙과 섬이 연결되어 있었다는 가설에 대한 반증이 된다. 예를 들면 과거 아시아 대륙과 이어져 있었던 일본의 풍부한 생태계를 보면 분명하다. 일본에는 대륙과 공통된 곰, 사슴, 너구리, 여우, 멧돼지와 같은 대형 포유류가 있다. 곤충도 식물도 다양성이 풍부하다.

그리고 또 하나의 반증은 바다의 깊이다. 과거 대륙과 이어져 있었던 '육교'가 바다로 함몰되고 섬이 남았다고 한다면 함몰된 부분의 바다는 그다지 깊지 않아야 한다. 일본열도는 과거 대륙과 이어져 있었다. 이후 육교가 함몰되면서 섬이 되었다. 그 증거로 일본열도를 대륙과 구분 짓는 대한해협의 동쪽이나 라페루즈해협 혹은 일본열도 사이에 있는 쓰가루해협을 보면 그다지 깊지 않다. 쓰가루해협은 깊이가 150미터 정도밖에 되지 않는다. 그래서 터널을 뚫을 수 있었던 것이다.

이에 반해 갈라파고스 제도 주변의 바다는 급격히 깊어져 1,000미터 이상이나 움푹 들어간다. 이런 심해가 과거 육지였던 곳이 함몰되어 생겼다고는 말하기 어렵다.

판구조론의 등장

그 후 급격한 지구과학의 발전과 함께 이 대륙 연결설은 맥없이

유라시아

북아메리카

남아메리카

아프리카

인도

남극

오스트레일리아

북아메리카

유럽

아시아

인도

아프리카

남아메리카

오스트레일리아

대륙 판게아(위)와 분열하여 이동한 현 대륙의 모습(아래)

무너져내렸다. 현재 지구의 변동은 판구조론으로 설명된다. 갈라파고스 제도의 생성과정 역시 이 판구조론으로 설명된다. 판구조론 혹은 판이론이라 불리는 이 가설은 상세한 해저 지형과 거기에 포함되는 암석이 띠고 있는 지구자기 측정 등으로 도출되었다. 예를 들면 어떤 해령(해저산맥) 양측의 암반(판)에는 대칭형으로 지구자기의 변천이 기록되어 있다. 이는 즉 해령에서 대지가 뻗어 나와 양쪽으로 등거리로 펼쳐졌음을 의미한다. 한편, 해구와 같은 깊은 바다의 균열은 판이 또 다른 판 아래로 파고 들어감으로써 형성된다. 판이 생성되는 곳, 혹은 판이 부딪히는 곳에는 화산이나 지진이 발생한다. 즉, '산처럼 가볍게 움직이지 말라'는 일본의 격언은 과학적으로 틀린 것이다. 대지는 끊임없이 천천히 움직이고 있다. 한쪽 끝에서 폭발하며 생성되었다가 다른 쪽 끝에서 가라앉으며 사라진다.

지금의 대륙은 원래 하나의 커다란 대륙이었던 것이 지각 변동으로 인해 분리되어 오늘날의 형태가 되었다고 보는 '대륙이동설'이 있다. 이 대륙이동설은 20세기 초, 독일의 기상학자 알프레드 베게너Alfred Wegener가 제창했다. 세계지도를 전체적으로 보면 확실히 남아메리카 대륙의 동쪽 해안선과 아프리카 대륙의 서쪽 해안선의 형태가 일치하고, 아프리카 동쪽 연안, 마다가스카르, 중동, 인도도 상호보완적인 형태를 띠고 있다. 그리고 현재는 따로따로 떨어진 대륙의 서쪽 해안에는 공통된 화석이 발굴되고 있고, 현재의 생태계에도 관계성이 존재한다. 이들을 바탕으로 베게너는 고대에는 초대륙

판게아가 존재했고, 이것이 분열, 이동하여 현재의 대륙 형태가 되었다고 생각했다. 대륙이 분열된 틈은 바다가 되었다.

하지만 베게너의 가설은 당시의 과학 수준으로는 너무나 비상식적이고, 공상적이었다. 또한 대륙을 움직일 만한 거대한 힘이 어디서 유래하는지에 대해서는 베게너 자신도 충분히 설명할 수 없었다. 그는 지구의 자전에 의한 원심력이나 달의 기조력에서 그 기원을 찾았으나 불충분했다. 대륙이동설은 냉소와 함께 점차 매장되어 갔다.

베게너의 설은 판구조론의 부흥과 함께 다시 빛을 보게 되었다. 판 이론이 강한 설득력을 갖게 된 데에는 실제로 대륙을 이고 있는 판의 이동을 실측할 수 있게 되었다는 사실과 더불어(1년에 몇 센티미터라는 아주 느린 속도이기는 하지만), 판을 이동시키는 메커니즘을 설명할 수 있게 된 점이 크게 기여했다. 지구과학의 진전은 지구 내부의 상태를 상세히 분석하고, 거기에서 발생하고 있는 맨틀 대류야말로 지구 표면의 판을 움직이는 동인이라 규명한 것이다.

어떤 이론도 그렇게 되어 있는 것(이 논쟁의 경우, 대륙의 이동)의 상황 증거를 나열하는 것만으로는 널리 수용되지 못한다. 그렇게 되기 위한 '메커니즘'을 설명할 수 있어야 하는 것이다.

이는 진화론을 둘러싼 이마니시 킨지의 설이 여전히 이단인 이유이기도 하다. 그는 '생물은 당연히 변해야 해서 변한다'라고 말하지만 종 내부의 개체가 일제히 자신의 특성을 바꾸는 '메커니즘'을 설명한 적은 없다.

그런데 지구 전체를 보면 세상은 대략 10개의 커다란 판으로 구성되어 있다. 마치 땅거북의 등딱지가 다각형 유닛으로 이루어져 있는 것처럼. 일본열도는 커다란 일본 해구에 깊숙이 내려앉은 태평양판 위에 살짝 얹혀 있다. 깊이 가라앉은 판의 절단면은 땅속 깊은 곳에서 녹아내리며 바로 그 위로 화산이 생긴다. 이것이 일본열도를 종주하는 화산대다. 화산이 뿜어내는 화성암은 깊은 곳에서 장시간 고열에 노출되기 때문에 석영 같은 결정질이 많은 안산암이 된다. 가라앉은 판에 축적된 변형이나 힘이 해방될 때 지진이 발생한다.

갈라파고스 제도 역시 판의 씨름으로 탄생했다. 하지만 이 씨름의 형태는 일본열도와는 달랐다. 판을 만들어내는 암반의 경계가 남쪽과 북쪽에서 충돌하고 이것이 서로 힘겨루기를 하여 솟아오른 곳, 갈라파고스 제도는 그 위에 얹혀 있는 것이다.

두 장의 판은 각각 북쪽이 코코스판, 남쪽이 나스카판이라 불린다. 경계선상에는 지하로부터 마그마를 뿜어 올리는 해저화산, 즉 열점이 생성되었다. 이런 화산이 뿜어내는 암석은 석영질이 적은, 한층 검은색을 띠는 현무암이 된다. 갈라파고스 제도를 뒤덮은 암석이 바로 이것이다. 현재의 갈라파고스 제도의 배치를 보면 고대, 즉 지금으로부터 약 500만 년 전 무렵에 판의 경계면에 늘어선 3개의 화산에서 열점이 생긴 것 같다. 3개의 화산은 활발히 용암을 뿜어 올려 고도를 높이고 결국은 해수면 위로 모습을 드러냈다. 이것이

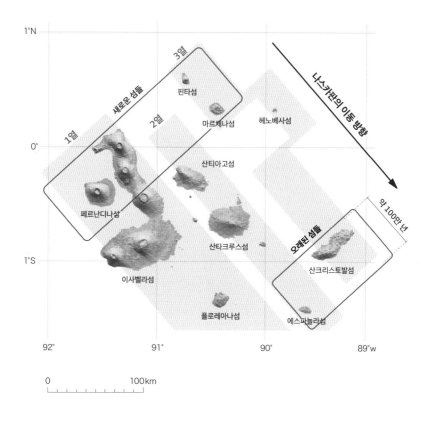

1°N

3열

핀타섬

새로운 섬들

2열

마르체나섬

헤노베사섬

나스카판의 이동 방향

1열

0°

산티아고섬

페르난디나섬

산타크루스섬

오래된 섬들

약 100만 년

산크리스토발섬

1°S

이사벨라섬

플로레아나섬

에스파뇰라섬

92° 91° 90° 89°w

0   100km

갈라파고스 제도의 형성

열점에 있던 3개의 해저화산이 폭발하여 섬을 만들었다.
섬은 나스카판 위에 얹힌 채 남동 방향으로 이동했다.
잇따라 생성된 화산은 같은 열의 위쪽으로 이동한 것으로 추측한다(그림의 1~3열).
_《갈라파고스 제도- '진화론'의 고향》(이토 슈조, 쥬코신쇼)을 참고로 작성.

현재의 산크리스토발섬, 에스파뇰라섬, 플로레아나섬이다. 갈라파고스 제도 가운데 가장 오래된, 지금으로서는 토양과 숲이 가장 잘 형성되어 있고 물도 있는 섬들이다. 화산 폭발은 간헐적이다. 최초의 폭발 이후, 활동은 잠시 휴지기였다. 이때 형성된 3개의 섬은 나스카판 위에 얹힌 채로 나스카판의 이동과 함께 움직인다. 나스카판은 대륙을 향해 남동 방향으로 천천히 이동해간다. 속도는 1년에 5센티미터 정도. 섬은 컨베이어 벨트를 탄 것처럼 이 방향으로 움직인다. 그리고 다시 100만 년 정도의 간격을 두고 열점에서는 다음 화산활동이 일어나고 새로운 열도가 생긴다. 이것이 지금의 이사벨라섬 남부, 산타크루스섬 등의 섬을 형성했다. 이 섬들도 앞선 섬들을 따르듯 판 위를 남동으로 이동한다. 그리고 또 다음 분화가 일어난다. 이것이 페르난디나섬, 이사벨라섬 북부 등을 형성했다.

이처럼 여러 열점의 열(1~3열)과 판의 이동 방향을 나타내면(그림 '갈라파고스 제도의 형성' 참조), 갈라파고스 제도의 생성과정을 정말 제대로, 자세히 알 수 있다. 그리고 왜 남동쪽 섬들은 녹지가 풍부하고 서북쪽 섬들은 거친 용암대지로 덮여 있고 식물도 적으며 아직도 화산활동이 계속되고 있는지 설명이 된다.

남동쪽으로 이동해 간 나스카판은 남아메리카 대륙과 접한 곳에서 거대한 남아메리카판에 부딪혀 남아메리카판 아래로 침강해간다. 이는 마치 일본열도를 따라 태평양판이 열도 아래로 가라앉아가는 것과 완전히 같은 상황이다. 그 증거로 남아메리카 대륙의 태평양 연안에는 활화산을 거느린 안데스산맥이 펼쳐져 있고, 칠레 먼바다는 대지진의 진원지로 공포의 대상이다.

갈라파고스 제도는 이런 지구의 동적평형 위에서 위태로운 균형을 잡으며 존재하고 있다. 그리고 지금도 여전히 지리학적으로도, 생물학적으로도 움직임의 한복판에 있다.

안산암과 현무암

우리 '공부하는 소년들'은 덮어놓고 열심히 공부했다. 여기서의 공부란 교과서나 참고서를 '통 암기'하는 것을 말한다. 지구과학 시간이라면 안산암이나 현무암을 비롯해 녹섬석, 사문암, 석회암, 대리암 등 다양한 광물의 이름과 특징을 외웠다. 젊은 뇌는 온갖 지식을 스펀지가 물을 빨아들이듯 바로 흡수했고, 아무튼 뭐든 알게 되는 게 재미있었다.

물론 이때는 아직 과학이나 학문이 오로지 로고스의 힘으로 세상을 분절하고, 분류하고, 또 하나하나 이름을 붙여나가는 행위에 불과하다는 사실을 미처 알지 못했다. 하물며 그 명명 행위 사이사이로 누락되는, 중요한 자연의 피시스가 있다는 사실도 전혀 눈치채지 못했다.

이런 것들에 눈을 돌릴 수 있게 된 건 한참 후이며, 일단 로고스의 끝에 도달한 다음이었다. 즉 분해와 분석과 요소환원주의에 의해 생명을 철저히 부품화한 끝에, 그곳에 생명의 실상은 아무것도 남아 있지 않음을 비로소 목격한 다음의 일이었다. 이번 갈라파고스 기행의 목적도 이런 로고스에서 멀리 떨어져 오로지 진짜 피시스를, 즉 자연의 원점을 직접 경험하고 싶다는 염원에서 비롯되었다.

하지만 지금 언급하고자 하는 건 이런 이야기가 아니다. 안산암과 현무암에 대해 말하려 했다. 안산암은 하얀 일본형 화산석. 현무암은 까만 갈라파고스형 화산석. 이건 좋다. 하지만 이 지식을 만약 다른 언어권의 사람들과 공유하고자 했을 때, 이번 여행으로 치면 갈라파고스 국립공원국이나 다윈연구소의 연구자들과 이야기하고자 했을 때 나는 곤란에 처했다. 안산암과 현무암은 영어로 뭐라고 하지? 녹섬석, 사문암, 선회암, 대리암은? 참고로 검색해보면 안산암은 영어로 'andesite'이고, 현무암은 'basalt'이다. 생각해보면 일본의 근대 초기(아마 메이지 시대)의 학자들이 온갖 상상력을 동원하여 학술 용어를 일본어로 번역한 덕에 일본인들은 온갖 서양의 과학 지식을 일본어로 배울 수 있게 되었다. 멋진 일이다. 한자가 갖는 상형성이나 이미지 환기력은 강력하다. 녹섬석은 분명 녹색으로 빛나는 돌이고, 사문석은 뱀이 구불구불 지나간 듯한 문양이 있다는 의미이다.

하지만 훗날, 이것이 발목을 잡는다는 걸 절실히 깨달았다. 나는 일본어로 알고 있는 풍부한 지식을 외국인을 상대로 표출할 수 없는 것이다. 너무나 답답하다. 녹섬석이나 사문석은 영어로 뭐라고 하지? (참고로 답은 녹섬석이 actinolite, 사문석이 serpentine). 아니, 이건 문제도 아니다. 기초학력이 부실한 사람처럼도 보일 수 있다. 그도 그럴 것이 사다리꼴이나 평행사변형, 인수분해나 근의 공식을 영어로 배우지는 않으니까. 아니면 받침점, 힘점, 작용점은? 나는 일본어 지식을 영어로 역번역하기 위해 엄청난 노력을 해야만 했다. 때는 21세기, 세상을 향해 날갯짓하는 아이들을 위해 적어도 고등학교 이상 교과서의 학술용어에는 원어(영어)를 병기하도록 제안하는 바이다.

이 플로레아나섬의 물에 의지하여 살아가고자 했던 최초의 사람들이 이 섬에 상륙했다. 하지만 그게 그리 만만한 일은 아니었다. 약간의 물이 있다고는 하지만 그밖에는 전기도, 연료도, 자재도, 도로도 아무것도 없는 땅끝 섬.

갈라파고스 제도를 차지해야 한다고 당시의 대통령 플로레스에게 진언하여 이를 실현시킨 비야밀은 스스로 이민국 단장을 자처해 그들을 인솔했다. 에콰도르와 유럽 사이에서 교역하며 정권과도 가까웠던 비야밀이 왜 그렇게까지 갈라파고스를 의미있다고 생각했던 것인지 지금으로서는 알 길이 없다. 아마 상인으로서 자기 나름의 계획이 있었을 것이다.

최초의 이주자는 대략 수십 명 규모였다. 비야밀은 민주적인 기본

방침을 내세웠다. 자신의 토지를 정한 다음에는 자유롭게 일하고, 자유롭게 활동해도 좋다. 다만, 공동체 작업, 도로 건설이나 수로 정비, 공공건물을 건축할 때 등은 모두가 평등하게 협력할 것.

사람들은 조금씩 토지를 개간하고, 주민을 위한 오두막을 짓고, 경작지를 갈고, 가축을 키우기 시작했다. 하지만 비야밀의 최초의 실패 원인은 이주민으로 데려온 사람들에 있었다. 그들은 대부분 '정치범'이었다. 왜냐하면 당시의 에콰도르는 독립한 지 얼마 되지 않은 혼란기였고, 플로레스 대통령은 군인 출신에 정권도 군사정권이었다. 당연히 자신에 대항하는 반대 세력이 있었고, 대통령은 반체제파를 가차 없이 정치범으로 투옥했다. 이들 '죄인'을, 비야밀의 중재로 갈라파고스 이민단으로 꾸린 것이다. 그도 그럴 것이 절해의 불모지인 섬에 기꺼이 이주하여 황무지를 개간하려는 사람이 누가 있겠는가.

그 후도 갈라파고스로 향하는 이주자는 매년 조금씩 증가했다. 다윈이 방문한 것도 바로 그 무렵이었다. 하지만 그 이주자들은 기본적으로 본국에 있을 수 없는 사람들이었다. 범죄자, 행실이 나쁜 남자와 여자, 파산한 사람, 부랑자….

플로레아나섬 이주촌의 풍기가 문란해지는 것은 시간 문제였다. 또한 한때 섬으로 건너온 사람들도 힘든 생활을 이기지 못하고 바로 향수병에 걸리고 말았다. 섬을 떠나는 사람, 도망치는 사람이 끊이지 않았다.

에콰도르 정부 역시, 영유권을 선언했지만 물도 자원도 없는 이 군도가 버거웠던 모양이다. 그들은 갈라파고스를 적극적으로 유배지화했다. 거친 죄인들이 잇따라 유입되면서 그들을 관리하기 위한 폭군이 파견되기 시작했다. 비야밀의 후임으로 갈라파고스 감독이 된 이는 제임스 윌리엄스 대령이라는 잔혹한 군인이었다. 그는 공포 정치를 펼쳐 갈라파고스 죄수들을 철저히 관리하고 강제노역을 시켰으며 학대하고, 착취했다. 종종 폭동이나 유혈 사건이 일어났다. 하지만 윌리엄스는 죄수들의 죽음을 아무렇지도 않게 생각하는 인물이었다. 갈라파고스는 점점 황폐해져 갔다. 이리하여 1800년대 후반의 갈라파고스는 불모의 불온한 땅으로서 사람들의 의식에서 거의 멀어진, 저 먼 곳에 어렴풋이 존재하는 섬이 되었다.

상황이 뒤바뀐 것은 19세기 말부터 20세기에 걸친 무렵이었다. 갈라파고스는 적도 바로 아래의 '낙원'으로 변모하게 된다. 이는 한 권의 책이 커다란 영향력을 발휘한 덕분이었다. 그 책은 바로 윌리엄 비비William Beebe의 《갈라파고스: 세상의 끝Galapagos: World's End》이었다.

남북전쟁에서 회복한 미국이 힘을 갖기 시작한 19세기 말, 대서양과 태평양 사이에 걸친 좁은 지협, 파나마에 이목이 집중되어 있었다. 때는 마침 지중해와 홍해를 관통한 수에즈 운하의 완성에 유럽이 환호하던 시기였다. 만약 파나마 지협을 운하로 횡단할 수 있다면, 대서양과 태평양을 직접 왕래할 수 있다. 이제 멀리 남아메리카의 남단 마젤란해협으로 돌아갈 필요가 없어진다. 이런 경제상의 그리고 군사상의 중요성은 헤아릴 수 없이 많다. 이 혜택을 가장 많이 누린 나라가 미국이다. 파나마 운하는 미국의 정치력과 자본에 의해 건설되기 시작했다.

이와 동시에 지정학적인 중요도가 높아진 곳이 다름 아닌 갈라파고스 제도였다. 갈라파고스 제도는 마침 멀리서 파나마를 바라보는 태평양에 위치한다. 이곳을 장악할 수 있다면 전략상 대단히 유리해진다. 책동이 시작되었다. 이 점에 있어서도 에콰도르가 앞서 영유권을 선언하고 어떻게든 개척민을 끊임없이 보내 이주지로 기정사실화한 것은 갈라파고스의 보전에 있어 지극히 현명한 일이었다. 만약 그러지 않았다면 갈라파고스는 구미 열강의 손에 들어가 군사 기지가 되었을 것이다.

하지만 탐욕스러운 구미 열강은 포기하지 않았다. 갈라파고스가 아직 거의 미개한 땅이라는 이유로 학술연구라는 미명 아래 조사단을 잇따라 파견했다. 하버드대학교, 스탠포드대학교, 캘리포니아대학교 등이 탐험에 합류했다. 그리고 1923년, 뉴욕동물학회에서 해리슨 윌리엄 탐험대가 요트 '노마호'를 타고 갈라파고스를 찾아왔다. 선장 윌리엄 비비가 이듬해 탐험의 성과를 저술한 것이《갈라파고스: 세상의 끝》이었다.

이 책에서는 인간에게 침범당하지 않은, 때 묻지 않은 대자연을 칭송하고, 기묘한 생물들의 생태를 생생하게 묘사하고 있다. 갈라파고스는 이 지구에 남은 유일한 낙원 즉 세상의 끝이라고 찬미하고 있다.

제1차 세계대전 후, 피폐해진 유럽에 살던 일부 사람들, 특히 문명 사회에 지친 사색적인 인간들의 심금에 지구의 반대편에 있는 절해의 고도, 갈라파고스라는 이름은 묘한 울림을 주었다. 몇몇 유럽인들 무리가 낙원을 꿈꾸며 갈라파고스 플로레아나섬에 도착했다. 독일인 치과의사와 그의 연인은 불륜이라는 눈초리를 피해 도망쳐 대지에 뿌리내린 생활을 하고자 했다. 치과의사는 니체를 사랑하는 철학자이기도 했고 채식주의를 표방했다.

얼마 후 도착한 다른 일가 역시 독일인 부부와 아들이었는데 그들 역시 소박한 자연파 생활을 동경해 도시를 버리고 떠나온, 말하자면 방랑자들이었다. 그리고 프랑스에서는 자칭 남작부인이라는 여성이 젊은 남자 하인을 거느리고 왔다. 하지만 그들은 곧바로 이상과 현실의 격차에 직면했다. 우리는 물가 근처에 있다는, 이런 이주자들의 초기 주거지의 흔적이라는 곳을 보기로 했다.

미치   모아이상 같은 이 석상은 해적이 만들었다, 여기서 태어난

아이들이 조각했다는 둥 여러 설이 있지만 진실은 알 수 없어요.

후쿠오카 잉카 시대부터 존재했던 건 아니죠….

미치   이 동굴에서 최초의 개척자나 해적들이 살았다고 전해지고

있어요. 바위를 깎아 거처를 마련한 거죠. 바위에 흔적과 구멍이

보이죠? 바위와 바위 사이에 판을 끼워 넣어 방호 울타리나 문을

만들어 침입을 막았어요. 단차가 있는 바위는 침대나 앉는 장소로

이용했던 것 같아요. 동굴 자체는 새로 판 게 아니라, 원래 있었던

것인 듯합니다. 1929년에 이 땅에 이주해온 사람이 프리드리히 리터라는 독일인 치과의사였어요. 자기가 충치가 생기면 큰일이라며 이를 모두 뽑고 왔죠.

후쿠오카 리터 씨는 왜 갈라파고스에 왔나요? 문명이 지겨워져서였나요?

미치 독일인들에게는 그런 역사가 있잖아요. 가능한 한 사람이나 문명으로부터 떨어진 곳에서 살고 싶어서 이상적인 장소, 낙원을 찾아온 거겠죠.

후쿠오카 이 주변 경관은 다윈이 왔을 때와 별로 달라지지 않은 것 같아요. 1832년 에콰도르가 영유권을 선포한 이후로 사람들의 이주가 시작된 거죠?

미치 네. 하지만 모두 견디지 못했어요. 이런 곳에 사는 건 솔직히 지옥이거든요. 물도 전기도 아무것도 없으니까…

후쿠오카 하지만 용케도 그때 에콰도르가 영유를 주장했네요. 영국 등이 오기 전에….

미치 그건 그렇지만 이후 어려웠던 역사도 있어요. 에콰도르가 갈라파고스를 팔려고 했거든요. 물론 모두 반대했습니다. 아직 석유가 나오지 않던 1972년보다 전의 일입니다. 두 번 정도, 대통령이 미군에 팔려고 했던 모양이에요. 만약 그랬다면 지금쯤 이곳에는 맥도널드라든가 윈덤이나 힐튼이 세워졌겠지요.

후쿠오카 발리섬 같은 곳이 되었겠군요.

그건 검은 용암으로 된 암굴로, 원시인의 동굴 같은 곳이었다. 원래 천연 동굴이었는지도 모르겠다. 그런 곳을 조금 더 가공하여 물건 거치대를 만들거나 입구 문의 경첩 구멍을 판 흔적 등이 남아 있었다. 낮은 곳에 있는 살짝 높은 단은 침대 대신이었는지도 모른다. 사람의 손만으로 이 정도의 작업을 하기는 정말 힘들었을 것이다. 그리고 몸을 쉬게 할 장소가 이런 동굴이라는 사실에 실망했을, 낙원을 꿈꾸며 왔던 사람들에 대해 생각했다.

맨 처음 이 섬에 도달한 동식물이 어떻게든 생태적 지위를 얻어 생존을 개시할 때까지는 아마도 수만 년, 아니 수십만 년이 필요했을 것이다. 미약한 포유류인 호모사피엔스가 겨우 몇 년, 몇십 년 만에 정착할 수 있을 만큼 자연은 만만하지 않다.

이후 우리는 약속대로 마중 나와준 픽업트럭을 타고 항구로 돌아왔다. 고무보트를 타고 마벨호로 돌아오니 조지가 준비해놓은 맛있는 점심이 기다리고 있었다. 그릇에 수북이 쌓인 새우와 생선 조각이 듬뿍 들어간 세비체를 각자 원하는 만큼 퍼서 따뜻한 밥에 올려 먹는다. 안주는 튀긴 바나나(파타콘). 나는 이 파타콘이 특히 마음에 들었다. 달지 않은 바나나를 동그랗게 썰어 튀김옷을 입혀 튀긴 것. 감자튀김 비슷하여 맥주에 딱 어울린다. 맥주는 스페인어로 세르베사. 상표명은 필스너PILSENER. 이번 여행에서 몇 병이나 마셨을까?

오후, 우리는 다시 플로레아나섬을 탐험했다. 이번에는 '블랙비치'라 불리는 모래사장에 고무보트를 가까이 대고, 고무보트가 파도를 타고 모래사장 가까이에 다가간 순간 뛰어내려 해변에 착지하는 방법인 웨트 랜딩으로 상륙했다. 말로 들을 때는 멋질 것 같지만 익숙해지기까지가 험난하다. 타이밍을 조금만 놓쳐도 하반신이 다 젖는다. 실제로 내가 그랬다. 파도가 밀려나는 순간을 잘 포착해야 하는 것이다.

파도를 읽다 – 웨트 랜딩의 요령

우리는 마벨호 선미의 갑판에서 고무보트로 갈아타고 섬을 향해 전진했다. 고무보트에는 소형 프로펠러 엔진과 키가 장착되어 있는데 부선장 구아포가 솜씨 좋게 운전했다. 섬 상륙 지점은 좁은 만인데 그곳만 작은 해변이었다. 해변까지 50미터 정도 남은 지점에서 구아포 부선장은 엔진을 껐다. 우리가 탄 고무보트는 파도에 흔들리며 올라갔다 내려앉았다 했다. 한동안 시간이 흘렀다. 구아포 부선장은 가만히 난바다 쪽을 보고 있다. 바다 위에 떠 있는 마벨호가 조그맣게 보인다.

"파도를 기다리고 있는 거예요."

통역사 미치 씨가 이렇게 알려주었다. 그렇다, 구아포 부선장은 파도를 읽고 있었던 것이다. 그리고 우리의 고무보트를 모래사장 가장 깊숙한 곳까지 데려다 줄, 커다란 파도가 오기를 기다리고 있다. 그동안에도 파도가 여러 차례 보트 아래를 지나 해변을 덮쳐 부채 모양으로 퍼지면서 모래를 검게 물들이고는 언제 그랬냐는 듯 다시 빠진다. 내 눈에는 난바다에서 오는 파도 중 어떤 파도가 좋은지 도무지 알 수가 없었다.

그때였다. 갑자기 구아포 부선장이 엔진을 켰다. 부릉 부릉 부릉. 보트가 진동한다. 기다리던 커다란 파도가 저쪽에서 오고 있는 것이다. 우리는 높이 들어올려졌다가 그 상태로 단번에 해변으로 돌진했다. 고무보트 앞쪽에 타고 있던 미치 씨가 밧줄을 잡고 물이 찰랑이는 모래사장으로 뛰어내려 단단히 힘을 주고 버텼다. 그렇게 하지 않으면 고무보트는 다시 밀려 나가는 파도에 휩쓸려 먼바다로 되돌아갈 것이다.

"지금이에요. 빨리요!"

우리도 짐이나 옷이 젖지 않도록 짊어지거나 걷어 올리며 재빨리 보트에서 뛰어내렸다. 물은 무릎 정도 깊이였다. 우리는 수중용 신발을 신고, 바지를 걷어 올렸기 때문에 옷은 젖지 않았다. 발바닥에 모래밭이 느껴진다. 찰박찰박 바닷물을 밟으며 서둘러 파도가 미치지 못하는 곳까지 뛰었다. 결과는 꽤 좋았다. 여러 번 되풀이하다 보니 운동신경이 빵점인 나도 이 정도는 잘할 수 있게 되었다.

나는 주변에 있던 돌에 걸터앉아 신발을 벗고, 모래를 털고, 발을 수건으로 닦고, 짐 속에서 양말과 트레킹 슈즈를 꺼내 갈아신고, 끈을 조였다. 탐험 준비 완료다. 아베 씨가 방수 배낭이 있으면 좋다고 하여 가져왔는데 이럴 때 큰 도움이 되었다. 방수 배낭이란 두꺼운 고무로 된 통 모양의 단순한 자루다. 내 것은 눈에 띄는 오렌지색이었다. 아무거나 집어넣고 입구를 돌돌 접어 호크를 채우면 그걸로 끝. 이런저런 사이에 고무보트는 구아포 부선장만 태우고 마벨호 쪽으로 돌아갔다.

우리의 섬 탐험이 끝날 무렵 다시 데리러 온다는 약속이 되어 있었다. 이것이 '웨트 랜딩wet landing'이다. 반대말은 '드라이 랜딩dry landing'. 드라이 랜딩은 선창이나 항만 설비인 계단 등이 있어서 젖지 않고 배에서 내릴 수 있는 것을 말한다.

갈라파고스 제도의 해안선 대부분은 자연 그대로다. 용암으로 이루어진 바위 밭이나 바다 안에도 무수한 암초가 있어 접근도 접안도 불가능하다. 이럴 때 상륙하기 위한 지점이 한정된 범위의 모래사장이고, 상륙을 위한 도구가 이 고무보트인 것이다. 그래서 갈라파고스에서는 대부분 웨트 랜딩이 상륙의 기본이다. 구아포 부선장을 비롯한 갈라파고스 바다의 남자들은 상륙에 적합한 모래사장이 어디에 있는지 숙지하고 있다. 그리고 그 방법도. 나는 처음에 고무보트에서 뛰어내리는 타이밍을 잡지 못하고 허둥지둥 착지한 탓에 허리까지 바닷물에 잠기고 말았다. 얕은 해안이라고는 하지만 약간의 차이로 깊이가 크게 달라진다.

마벨호 선미의 갑판에 서면, 좌우로 매달린 두 척의 파란 고무보트가 하얀 파도를 가르는 게 보인다. 나는 종종 그 자리에 서서 갈라파고스의 드넓은 바다를 바라보았다. 발밑에는 마치 VIP를 지키는 호위병 같은 두 척의 고무보트가 있다. 영화 〈스타워즈〉를 보면 사령관 우주선 양쪽에 붙어 비행하는 한 쌍의 소형 함선이 등장하는 장면이 있는데, 마치 그것을 보는 듯한 느낌이었다. 물론 두 척의 고무보트는 밧줄로 마벨호에 묶여 있기 때문에 끌려가고 있는 것이지만 마치 필사적으로 따라오는 것처럼 보인다.

처음에는 고무보트가 두 척 있는 이유를 만약을 위한 여분이라고 생각했다. 섬에 상륙하여 탐험하는 것은 나, 사진작가, 통역사, 가이드뿐이므로 조종사를 넣어도 5명. 고무보트 한 척으로 충분히 정원을 넘지 않고 운반할 수 있기 때문이다.

그런데 어떤 것에도 의미가 있고, 모든 것에 이유가 있는 법이다. 갈라파고스에서는 상륙용 고무보트가 두 척 필요한 경우가 종종 있었다. 바로 흘수선吃水線(배와 물이 맞닿는 경계면-옮긴이) 문제이다. 배는 허용 범위 이내라면 짐이나 사람을 아무리 많이 태워도 침몰하지 않는다. 대신, 승선 하중에 따라 물 위로 드러나는 배의 높이는 달라진다. 이것이 흘수선이다. 고무보트에 어른이 5명 타면 보트는 상당히 가라앉게 되고, 흘수선 위치가 올라간다. 즉 그만큼 바닷속으로 가라앉는 바닥의 거리가 깊어진다.

그러면 어떻게 될까? 고무보트는 물에서 모래사장으로 충분히 이동해 들어가기 전에 바닥의 모래에 닿아 더 이상 나아갈 수 없게 된다. 즉 우리를 태운 고무보트는 파도를 탈 타이밍을 잡기도 훨씬 전에, 자체의 무게 때문에 좌초하여 상륙 지점에 도달하지 못한다. 그대로 썰물에 휩쓸려 바다 한가운데로 끌려 나올 것이다.

그래서 얕은 바다에서 웨트 랜딩을 할 때는 두 척의 고무보트에 나누어 탐으로써 가능한 한 하중을 줄여 흘수선을 낮게 유지할 필요가 있다. 앞에서 묘사한 상륙 장면에서도 우리는 둘로 나눠서 보트를 탔다. 이렇게 하면 좋은 점도 있다. 다른 쪽에 사진작가가 앉아 이쪽을 촬영해주면 글을 쓰는 내가 지금, 웨트 랜딩을 하기 위해 긴장해 있는 장면을 제3자의 시점에서 촬영할 수 있는 것이다.

어떤 것에도 의미가 있고, 모든 것에 이유가 있는 법이라고 한 것은 바로 이런 이유에서였다. 나는 한밤의 깜깜한 바다 한복판에서 파도를 가르며 따라오는 두 척의 고무보트를 바라보았다. 고무보트는 기특하고 또한 듬직해 보였다.

블랙비치는 그 이름처럼 검은 모래가 펼쳐진 모래사장이다. 용암으로 이루어진 갈라파고스 제도에서 모래사장이 있는 곳은 한정적이다. 긴 화산활동 후에, 용암류가 식고, 깎이고, 얕은 바다가 되고, 방대한 시간에 걸쳐 파도가 반복적으로 모래를 날라 온다. 색이 검은 것은 모래에 철분이 다량 함유되어 있기 때문이리라.

모래사장은 인간에게 있어 상륙 지점임과 동시에 — 실제로 최초의 이주자들은 이 블랙 비치에 작은 배를 대고 상륙했다 — 바다의 동물들에게도 귀중한 상륙 지점이 된다. 모래사장은 바다거북에게는 중요한 산란장소가 되고, 바다이구아나에게도 그렇다. 그리고 바다사자들의 상륙장소이기도 하다. 따뜻한 모래사장 여기저기에 바다사자들이 기분 좋은 듯 뒹굴고 있었다.

상륙한 다음, 우리는 해안을 따라 해변 오솔길을 걸었다. 발밑에는 작은 조약돌들이 흩어져 있다. 작은 돌 사이사이에서는 용암도마뱀이 쉬지 않고 고개를 내밀었다 숨었다 하고 있다. 용암도마뱀은 길이가 10센티미터 정도 되는 소형 도마뱀이다. 귀엽다. 왜인지 작은 돌 위 등 전망 좋은 곳에 올라 두리번두리번 주변을 살핀다. 그래서 내 눈에도 자주 들어온다. 하나같이 통통한 걸 보니 먹이가 부족하지는 않은가 보다.

미치 씨 말로는 바다사자가 해변이나 바위 밭에서 뒹굴고 있으면 바다사자 피부 표면의 지방분을 먹으려고 파리 같은 작은 곤충이 모여든다고 한다. 그러면 그 녀석들을 노린 용암도마뱀이 몰려든다는 것이다.

먹고 먹히는 관계는 언뜻 생각하기에 약육강식의 계층인 것 같지만 결코 그렇지 않다. 하나의 생존 공간을 나눠, 서로 다른 개체 수를 조정하면서 공존하는 관계성을 맺고 있는 것이다. 결과적으로 하나의 생태적 지위를 단일종이 점유하기보다 전체적으로는 더 큰 개체수가 생존 가능하게 됨으로써, 즉 바이오매스(단위 면적당 생물체의 중량-옮긴이)가 커짐으로서 물질과 에너지의 순환도 촉진되고 자연이 유지된다.

어느새 모래사장은 바위밭 해안으로 변해 있었다. 파도가 칠 때는 군생하는 빨간 게를 볼 수 있었다. 이전부터 나는 이 갈라파고스붉은게를 알고 있었다.

이레내우스 아이블 아이베스펠트의 책《갈라파고스 섬: 태평양의 노아의 방주Galapagos: Die Arche Noah im Pazifik》에 실려 있는 사진 속 게였기 때문이다. 이 책은 50년도 더 된 책으로 사진의 질도 그다지 좋지 않지만 그만큼 명암이 강했고, 파란 바다를 배경으로 바위가 가득한 해변에 흩어져 있는 붉은 게의 이미지를 꿈의 갈라파고스 풍경으로 각인시켜주고 있었다. 배경인 바다가 한없이 푸르고, 멀다.

아이블 아이베스펠트는 80년대에 학창 시절을 보낸 나 같은 사람에게는 문화 영웅이었다. 교토대학교의 문화인류학자, 도시나오 요네야마 교수의 강의에서는 아이블 아이베스펠트의《사랑과 미움 Love and Hate》이 필독서였다. 한참 시간이 흐른 뒤, 여배우 야마구치 카린과 이야기를 나눌 기회가 있었을 때도 이 책 제목이 화제에 올랐다. 그녀가 사귀던 작가 아베 코보가 필독서로 추천했다고 한다. 또 한 권의 필독서는 에드워드 홀의《숨겨진 차원》이다. 이 책도 그립다. 아마 '동시대의 책'이었을 것이다. 둘 다 미스즈쇼보에서 출간한, 책등이 하얀 책이었다. 당시 우리는 미스즈쇼보에서 발간한 난해한 사상계 서적을 '시로난シロ難'(하얗다는 뜻의 일본어 '白い'(시로이)와 어렵다를 뜻하는 한자 '難'의 조어−옮긴이)이라 불렀다.

《사랑과 미움》도《숨겨진 차원》도 사람을 포함한 동물의 행동학, 생태학을 기반으로 생물행동의 원리를 파고든 논고다. 우리 생물은 모두 자신이 속하는 종이 명령하는 '낳아라, 증식시켜라'라는 명령에 따라 살고 있다. 하지만 종의 구성원으로서의 개체와 개체의 관계에는 자유와 다양성이 있다.

지금 생각하면《숨겨진 차원》에는 현재 코로나로 고통을 겪고 있는 우리가 강요받는 사회적 거리두기를 예견한 논고가 실려 있다. 개체와 개체 사이의 거리에는 그 사회가 규정한 제한이 있다. 생판 모르는 사람이라면 그 이상은 다가가지 않는 거리가 있고, 가족이라면 가까이 다가갈 거리, 그리고 연인 관계에서만 서로 접근 가능한 거리에 대한 약속이 있다.

아이블 아이베스펠트는 갈라파고스와도 인연이 깊은 학자다. 1950년대 후반, 유네스코를 통해 갈라파고스에 파견된 그는 섬들을 연구·조사하고, 갈라파고스의 자연을 지키기 위해서는 이곳에 연구소를 세워 보호 기금을 마련할 필요가 있다고 생각했다. 산타크루스섬의 남쪽, 지금의 아카데미만이 내려다보이는 곳에 찰스다윈연구소가 설립되었고, 다윈재단도 창립되었다. 갈라파고스 전역이 동식물의 보호지구로 지정되었다. 이런 활동을 주도한 이가 아이블 아이베스펠트였다. 찰스다윈연구소 옆에 에콰도르 정부의 국립공원국 사무소도 병설되었다.《갈라파고스 섬: 태평양의 노아의 방주》는 그때의 기록이다. 나는 1960년대부터 갈라파고스 국립공원과 찰스다윈연구소에서 활동해온 차피 씨가 어쩌면 아이블 아이베스펠트를 만난 적이 있을지도 모른다는 생각에 물어보았다. 하지만 유감스럽게도 차피 씨는 그의 이름을 몰랐다.

해안을 따라 더 걷다 보니 암초가 반도처럼 튀어나온 곳이 있었다. 그 반도에 조용한 만이 안겨 있었다. 사진작가 아베 씨가 수중카메라를 가지고 잠수해보기로 했다. 스노클링 장비를 갖추고 바다에 들어간 아베 씨가 물 위로 올라오더니 큰 소리로 외쳤다.

"바다거북이 바로 옆에 있어요!"

286쪽에 있는 바다거북의 사진을 보기 바란다. 갈라파고스의 생물들은 인간의 존재를 무서워하지 않는다. 무서워하기는커녕 오히려 흥미롭다는 듯 접근하기조차 한다.

이사벨라섬, 푼타 모레노

이사벨라섬, 푼타 모레노
ISLA ISABELA, PUNTA MORENO

진화의 최전선

플로레아나섬 탐험을 마친 우리 마벨호는 이사벨라섬 푼타 모레노를 목표로 항해를 시작했다. 푼타는 포인트, 즉 뾰족한 끝이라는 의미로, 모레노곶이라는 뜻이다. 태평양 서쪽을 향해 해마처럼 생긴 이사벨라섬의 남부를 빙 돌아 해마의 배 쪽으로 나온다. 이번 여행에서 가장 큰 항로다. 여기서부터 남쪽으로 섬은 없고, 배는 드넓은 바다를 마냥 오로지 항해한다. 다윈의 비글호도 이 경로를 지났다(책머리의 항해도 참조).

항로는 거의 180킬로미터이고 마벨호의 시속은 평균 15킬로미터이므로 밤새 어두운 바다를 항해해야 한다. 나는 노트에 그날 있었던 일을 메모하고 플로레아나섬에 정착한 사람들에 대해 생각하며 일찌감치 잠자리에 들었다. 한밤중에 문득 눈이 떠졌다. 어둠 속에서 시계를 보니 새벽 1시 14분이었다. 현창 너머로 밖을 보아도 깜깜한 바다밖에 보이지 않는다.

바람막이를 걸치고 갑판으로 나가보았다. 따뜻한 바람이 어두운 바다를 지나고 있었다. 하늘은 별로 가득했다. 도시에서는 생각지도 못할 무수한 별들이 깨알처럼 박혀 있다. 배에서 빛나는 빨강, 초록 표식등 외에 주변에는 아무런 빛도 없다.

오리온자리의 허리띠는 바로 알아봤는데 다른 별자리는 모르겠다. 그렇다, 이곳은 남반구다. 어딘가에 남십자성이 보일 것이다. 눈이 어둠에 익숙해지면서 점점 별이 많아졌다. 별은 눈 가장자리로 보는 게 더 선명하다. 망막 주변부에 명암에 민감한 시각세포가 많기 때문이다. 하늘 가운데에 은하수가 천천히 흐르고 있다. 이곳에는 별이 빛나는 하늘과 나밖에 없다. 이런 식으로 시간을 보낸 것이 대체 얼마 만인가. 어쩌면 소년 시절 이후로 한 번도 없지 않았을까?

도시에서 생활하다 보면 자질구레한 일에 쫓기고, 잡무에 시달리고, 그러다가 하루가 저문다. 온종일 모니터 앞에 붙어 앉아, 타다닥 타다닥 키보드를 친다. 바람을 느끼는 일도, 하늘을 올려다보는 일도 없다. 침대에 들어가서도 스마트폰을 스크롤하고 있다.

여기에 인터넷 와이파이 같은 건 없다. 휴대전화의 전파도 터지지 않는다. 가상의 차원으로부터 철저히 떨어져 있다. 그날 하루의 살아 있는 체험만이 존재한다. 보고, 걷고, 헤엄치고, 먹고, 배설하고, 잔다. 이것만으로도 벅차다.

이렇게 지내다 보니 신기하게도 인터넷 뉴스나 업무 메일 같은 게 전혀 궁금하지 않다. 그런 거 아무렴 어때. 연예인 아무개가 불륜을 저질렀다거나 약물 복용으로 체포되었다는 뉴스에도 흥미가 없어진다. 동시에 자신의 초조함이나 집착으로부터도 해방된다. 즉, 나를 구속하고 있던 온갖 로고스로부터 해방되는 것이다.

별이 쏟아질 것 같은 하늘을 올려다보며
피시스의 실상을 느꼈다.
살아 있는 것은 모두 때가 되면 태어나고,
계절이 바뀌면 변하고, 그때가 오면 떠난다.
떠남으로써 다음에 오는 것에 장소를 내어준다.
왜냐하면 나 역시 누군가가 양보한 자리에 있었기 때문이다.
생과 사. 이는 이타적인 것.
유한성. 이는 상보적인 것.
이것이 생명 본래의 모습.
갈라파고스의 모든 생명은 이 원칙에 따라 지금을 살고 있다.
지금만을 살고 있다.

로고스의 절정. 즉 가상의 차원은 생명에 있어 가장 중요한 이 원칙, 즉 유한성 안에 존재하기에 자유에 가치가 있다는 사실을 무력화하고, 이를 무력화함으로써 거꾸로 생명을 해하고 있는 게 아닐까. 갑자기 밤바람이 차가워졌다. 나는 바람막이의 깃을 세우고 배

안으로 돌아와 다시 잠을 청했다. 항로는 아직 멀다.

밖이 하얘지고 있는 느낌에 눈이 떠졌다. 쾌청하다. 창밖으로 섬과 산이 보인다. 나는 서둘러 옷을 갈아입고 갑판으로 나갔다. 장대한 섬이 눈에 가득 들어왔다. 그것은 바로 꿈에서도 그리던 갈라파고스의 광경이었다. 반듯하게 좌우로 펼쳐진 드넓은 대지와 같은 모습을 한 화산의 산허리에는 용암류가 만들어낸 짙고 옅은 줄기가 나란히 줄지어 있다. 마치 달리는 얼룩말 같기도 하고 누워 있는 용의 비늘 같기도 하며 어떻게 보면 묘하게도 스키장의 험준한 슬로프 같기도 하다. 색은 전체적으로 푸른빛이 도는데 오래된 용암류와 그리 오래되지 않은 용암류 위에 형성되고 있는 식생의 차이가 이런 광경을 만들어내고 있음을 알 수 있다. 용암류는 그대로 바다까지 달려 거친 해안선을 만들었다. 물론 인공물은 전혀 보이지 않는다.

지도를 보면 지금 내 눈앞에 펼쳐져 있는 것은 이사벨라섬 남부를 구성하는 세로 아술Cerro Azul 화산과 그 옆의 시에라 네그라Sierra Negra 화산임을 알 수 있다. 모두 해발고도 1,000미터가 넘는 규모의 산악이며, 둘 다 이사벨라섬을 형성하는 여러 화산들 가운데 비교적 오래전에 형성되었다. 그만큼 풍화와 녹지화가 진행되어 있다. 아술은 푸르다는 뜻이다. 화산이 반복적으로 폭발하면서 흘러나온 용암의 손톱자국이 이런 얼룩말 모양을 만들어내고 있는 것이다.

이런 경관을 동경하게 된 것은 내가 번역한 그림책 《갈라파고스 Galapagos》(고단샤)에 이것이 너무나도 생생하고 훌륭하게 묘사되어 있었기 때문이다. 이 책에는 갈라파고스 제도의 성립부터 그곳에 어떻게 생태계가 형성되어 왔는지, 또한 다윈이 상륙했을 때의 모습까지 아름답고도 정확한 그림으로 표현되어 있었다. 저자인 제이슨 친 Jason Chin은 실제로 갈라파고스를 여행한 다음 이 단정한 책을 만들었다. 그래서 나는 그 진짜 얼룩말 같은 산의 표면이 더 보고 싶었다. 그리고 지금 그 꿈이 실현되고 있다. 잠시 이 광경에 넋이 나갔다.

마벨호는 이사벨라섬을 남쪽에서부터 시계방향으로 돌아서 들어가, 푼타 모레노를 향해 섬으로 다가갔다. 드디어 작은 만 안쪽을 한눈에 볼 수 있는 장소에 도착하자 엔진을 끄고 닻을 내렸다. 배가 멈추자 파도는 조용했고, 거의 움직이지 않았다.

나는 뱃멀미가 무서워 멀미약(지난해에 갔던 타이완 여행 중 선박 여행에서 배가 크게 흔들렸을 때 도움이 되었던 아네론)을 가지고 있었지만 지금까지 뱃멀미를 하는 일은 없었다. 배로 여행을 한다는 들뜬 마음이 멀미보다 강했고, 모든 로고스적인 것들로부터 멀리 떨어진 이피시스의 시간이 나로 하여금 뱃멀미라는 단어를 잊게 했다고도 할 수 있을 것이다.

조지가 바삐 아침 식사 준비를 하고 있다. 아무래도 오늘 아침은 프렌치토스트인 모양이다. 주방에서 달콤하고 고소한 냄새가 피오르고 있다. 조지의 메뉴는 정말 우리를 질리게 하는 법이 없다. 그때였다. 배 바로 옆 해수면에서 거센 물소리가 나면서 거대한 물보라가 솟아올랐다. 갈라파고스가마우지였다. 갈라파고스가마우지는 날개가 짧게 퇴화해 하늘을 날 수 없게 된 가마우지의 일종으로 갈라파고스섬 고유종이다. 유감이지만 다윈의 기록에는 이 신기한 새에 대한 기술이 없다. 이 해역을 항해했을 때도 눈치채지 못했던 걸까? 만약 그가 이 새를 봤다면 뭐라고 썼을까? 이건 대단히 흥미로운 궁금증이다. 왜냐하면 '퇴화'를 어떻게 받아들이느냐는 진화론에서 중요한 문제이기 때문이다.

만약 가마우지들이 바다에 먹이가 풍부하고 적도 거의 없는 이 땅에서 날 필요가 없어졌기 때문에 서서히 날개가 필요 없어져 짧아진 거라면 그것은 다윈 이론의 중심 명제인 돌연변이와 자연도태의 이론에는 맞지 않는다. 필요 없는 능력, 사용하지 않는 능력은 퇴화하는 한편 필요한 특성, 있어서 편리한 특성은 진화한다면 이는 진화의 '용불용설'이 된다. 이는 다윈의 선배, 프랑스의 동물학자 장 라마르크가 생각한 진화이론이었다. 예를 들어 기린의 목이 왜 긴가를 설명할 때, 기린은 높은 곳의 나뭇잎을 먹기 위해 여러 대에 걸쳐 목을 늘려온 결과 긴 목을 획득했다고 하는 식이다. 하지만 현재의 진화론에서는 이러한 사용 빈도나 노력, 나아가 의사나 본인의 희망에 따라 진화의 방향성이 바뀌는 것은 완전히 부정한다. 물론 개체 한 세대에 한해서는 신체 능력이나 지능이 훈련이나 학습, 환경의 영향으로 향상하거나 강화될 수 있다. 하지만 이것이 세대를 넘어 유전되는 일은 없다. 획득형질은 유전되지 않는다는 것이 다윈 이론의 골자이다. 훈련이나 학습의 성과는 개체의 체세포 변화에는 기여하지만 정자와 난자, 즉 생식세포에는 전달되지 않는다.

이는 퇴화에 대해서도 마찬가지라고 할 수 있다. 예를 들어 어두운 동굴 안에서 오랜 세월을 생존해온 물고기나 곤충 중에 눈의 기능이 퇴화한 종이 존재한다. 하지만 이런 변화에 대해 사용하지 않는 것, 불필요한 것이 세대를 이어 계승된 결과 퇴화로 이어진 것이라고 한다면, 이 또한 획득형질의 유전이다. 다윈의 진화론에서는 사용하지 않는 것이 생식세포로 전달되는 메커니즘은 생각할 수 없다.

생식세포의 유전자에 우연히 생긴 돌연변이만이 세대에서 세대로 유전된다. 그리고 돌연변이는 의사나 요구와는 관계없이 모두 무작위로 발생한다. 그 안에서 생존에 유용한 것만이 자연선택된다. 이것이 다윈주의다.

그래서 다윈주의에서는 '퇴화도 진화한다'고 생각하지 않으면 안 된다. 어느 날, 가마우지 무리 가운데 날개가 짧아지는 돌연변이가 생겼다. 날개가 기형이 되면 날 수 없고, 원래대로라면 이동하기, 먹이 구하기, 적으로부터 도망치기 등의 측면에서 새로서는 불리한 형질이 되고 만다.

그러므로 가마우지의 선조 입장에서는 날개가 짧아진 것을 생존에 유리한 자연선택이 가동한 것으로 생각해야 한다. 이런 일이 일어날 수 있을까? 적이 없고, 바다에 잠수할 수 있는 능력만 있다면 먹이도 충분히 구할 수 있는 이 갈라파고스 환경에서는 날개를 유지하기 위한 근육과 비용을 포기하는 편이 유리했지도 모른다. 하지만 그렇다고 해서 갈라파고스의 새가 모두 날개를 포기한 것도 아니다.

역시 가마우지는 갈라파고스의 풍부하고 평화로운 생활 환경 속에서 자진하여 날개를 포기하는 길을 선택했다고 생각하는 편이 왠지 쉽게 납득될 수 있을 것 같은 기분이 든다. 그래서 다윈이 이 신기한 새, 가마우지를 봤다면 어떻게 생각했을까 궁금했던 것이다.

자, 다시 이 가마우지를 눈앞에서 목격한 얘기로 돌아와보자. 녀석이 우리 눈앞에서 화려한 한판을 벌인 것이다. 대문어를 사냥해 입에 물고 흔들기도 하고 수면에 후려치기도 하고 있다. 잡힌 대문어는 자기 나름대로 모든 다리를 비틀며 가마우지로부터 도망치려 발버둥을 치고 있다. 이 대격투가 우리 배 바로 옆 수면에서 성대하게 펼쳐지고 있는 것이다.

사진작가 아베 씨는 연속 셔터를 눌러 이 활극을 사진에 담고 있다. 결정적 순간이란 바로 이런 것이다. 드디어 격투는 가마우지의 승리로 끝났다. 가마우지는 포획물을 놓치지 않도록 목을 높이 쳐들고 공중에서 몇 번이나 확실하게 고쳐 물면서 입을 크게 벌리더니 결국은 문어를 통째로 삼키고 말았다.

뱃전에서 자초지종을 본 우리는 일제히 박수를 쳤다. 만족한 가마우지는 사뭇 자랑스러운 듯 유유히 주변을 헤엄치더니 저쪽으로 사라져갔다. 대단하다.

대문어를 물고 물 위로 올라온 갈라파고스가마우지

문득 내 안에서 확신과 같은 생각이 끓어올랐다. 가마우지는 우연히 여기서 사냥감을 잡은 게 아니다. 오히려 우리에게 자신의 묘기를 선보이기 위해 자진해서 이 쇼를 펼친 것이다. 갈라파고스의 생물들은 인간을 두려워하기는커녕 오히려 흥미를 보인다. 무슨 말을 걸어오거나, 뭔가를 시사하는 듯한 행동을 보인다. 이번에도 그랬다. 이번 여행에서 나는 이런 경험을 여러 번 하게 된다.

아침 식사 후, 우리는 고무보트를 타고 주변 해역을 관찰하기로 했다. 해안은 모두 용암이 흘러내린 채 암벽이 되었고, 일부는 맹그로브숲이 되었고, 또 다른 일부는 바닷속으로 숨었다 얼굴을 내밀었다 하는 암초가 되었다. 하늘은 쾌청하고, 바다는 새파랗고, 정수리 위에서는 적도의 태양이 이글이글 불타고 있다.

경사진 암초의 약간 평평한 부분에는 엄청난 수의 바다이구아나가 운집해 있다. 다 같이 모여 햇볕을 쬐며 체온을 올리고 있는 것이다. 체온이 충분히 오른 후에 바다로 다이빙해 바닷속 바위에 붙은 해초를 뜯어 먹는다.

또 다른 바위에는 가마우지가 짧은 날개를 펼치고 있고, 펭귄들은 바다로 들어갔다 바위에 올랐다 하고, 펠리컨들도 커다란 날개를 유연하게 펼쳐 주변을 비행하고 있다. 모두 자유롭고 여유가 있다.

나는 스노클링 장비를 착용하고 주변 바다를 조금 헤엄쳐보기로 했다. 물은 그다지 차지 않다. 정말 끝없이 푸르다. 바닷속을 들여다보니 형형색색의 물고기들이 왔다 갔다 한다. 아, 갑자기 저쪽에서 바다사자가 헤엄쳐 온다. 바다사자는 무서운 기세로 이쪽을 향해 돌진해온다. '앗, 위험해' 하고 생각한 순간 빙그르르 몸을 돌린다. 수영에 관한 한 인간은 바다사자의 발뒤꿈치도 따라가지 못한다. 꼴사납게 허우적대는 나를 보고 바다사자가 놀리러 온 것이다. 그 후로도 바다사자는 내 주변을 빙빙 돌며 다가왔다가 멀어지기를 되풀이하면서 자유자재로 헤엄쳐 보였다. 하다 못해 보트를 향해 위아래로 움직이는 오리발 끝을 물어뜯기까지 했다. 물론 애교로 살짝이기는 했다. 녀석들은 놀고 있는 것이다. 하지만 나는 비참하게도 해수면에서 고무보트로 올라타는 데 고생을 좀 했다. 다리 힘과 복근 그리고 현수력懸垂力(철봉에 매달렸을 때 몸을 끌어올리기 위해 팔을 굽힐 때 쓰는 힘−옮긴이)이 있으면 혼자 힘으로 매달려 올라갈 수 있었겠지만 힘이 약한 나로서는 도저히 불가능하다. 구아포 부선장과 미치 씨가 양어깨를 감싸 안고 들어 올려준 덕에 겨우 보트 위로 돌아왔다. 마치 익사체 회수 작업 같다. 숨이 가쁘다. 이 또한 가짜 박물학자의 본모습이다.

일단 마벨호로 돌아와 점심 식사를 한다. 생선 카레, 샐러드, 과일. 기운이 난다. 1시간이 좀 안 되게 휴식.

오후부터는 푼타 모레노(모레노곶)의 암초 지대에 보트를 대고 거기서 상륙해 섬을 탐험한다. 주변은 온통 쩍쩍 갈라진 갈색의 암반이었다. 걷기가 힘들다. 흔들리는 거품돌(화산의 용암이 갑자기 식어서 생긴, 다공질의 가벼운 돌−옮긴이)도 많다. 곳곳에는 커다란 크레바스 같은 균열이 입을 벌리고 있기 때문에 주의가 필요하다. 눈앞의 시에라 네그라 화산, 혹은 세로 아술 화산의 분화로 흘러내린 용암이 굳어 생긴 것이다. 용암이 흐른 형태를 그대로 남긴 바움쿠헨 같은 습곡 문양이 여기저기에 있다.

이것이야말로 마치 신생 갈라파고스 제도를 재현한 장소라 할 수 있다. 1단계라 할 수 있다. 갈라파고스는 진화의 막다른 길 따위가 아니다. 진화의 최전선인 것이다. 게다가 다른 단계가 다른 장소에서 동시 진행되고 있다. 이를 눈앞에서 볼 수 있는, 드문 장소인 것이다.

우선 용암이 식어 굳을 때까지 긴 시간이 필요할 것이다. 하지만 거기에 물은 없다. 소량의 비가 내리지만 수분은 곧 균열 사이로 흡수되어버린다. 그래서 만약 이 단계에서 어떤 방법으로 이 장소에 도달한 동물이나 곤충이 있었다 해도 생존 확률은 제로였을 것이다. 물도 먹이도 없으므로.

그래서 이 장소에 최초로 생존할 수 있었던 것은 극소량의 빗물과 공기 중의 습도와 태양광선만으로도 황폐하기 짝이 없는 용암 틈새에 간신히 뿌리를 내릴 수 있었던, 건조에 강한 식물뿐이었을 것이다. 이것이 용암선인장Lava cactus이었다. 처음에는 날개를 쉬기 위해 이 황무지에 가끔 들르던 새의 똥 따위에 씨앗이 들어 있었을 것이다. 실제로 지금도 바위틈 같은 곳에 소규모의 용암선인장 무더기가 곳곳에 형성되어 있다.

선인장은 빈약한 뿌리밖에 없다. 하지만 이것이 바위에 패인 작은 구멍이나 틈에 뿌리를 내릴 수 있었던 이유이기도 하다. 태풍이나 폭풍이 거의 없는 적도 바로 아래의 갈라파고스섬에서는 폭우에 노출될 일도 없다. 물을 빼앗기기 쉬운 잎 대신 가시를 가지고 있으며 통통한 줄기가 광합성을 하여 수분을 유지해준다.

용암선인장들은 개척자에 걸맞은 행동을 취했다. 즉, 이타적으로 행동했다. 가혹한 환경에서 가능한 한 물을 저장하고, 필사적으로 광합성을 하며, 열매를 맺고, 유기물을 합성하고, 이를 대지에 떨어뜨림으로써 미미하지만 토양의 기초를 만들었다. 이리하여 다음 식물이 생육할 수 있는 틈이 만들어졌다. 새가 운반해왔는지 기류를 타고 왔는지 알 수 없지만 이곳에 뿌리를 내릴 수 있었던 것은 '다윈의관목Darwiniothamnus'이라 불리는 국화과의 식물이었다. 실제로 내륙 방향으로 걷다 보면 여기저기서 관목灌木(키가 작고 원줄기와 가지의 구별이 분명하지 않으며 밑동에서 가지를 많이 내는 식물—옮긴이)을 볼 수 있다. 이처럼 어떤 식물상은 다른 식물상을 불러들여 그때마다 미미하지만 유기물이 토양을 형성하고, 불모의 용암대지를 초록이 우거진 곳으로 변화시켜간다. 그제야 비로소 곤충과 동물들이 도래할 수 있는 기회를 얻게 된다. 이곳에는 그 변천과 진화의 장이 재현되어 있는 것이다.

우리는 용암 평원을 향해 걸었다. 전방에 다소 높게 솟아오른 대지가 있고, 그 건너편은 칼데라 형태로 움푹 패인 곳에 물이 고인 작은 늪이 있었다. 담수는 아니고 해수가 침윤한 것이리라. 칼데라 주변은 관목으로 덮여 있다. 수면을 따라가니 마침 건너편 언덕에 눈이

용암대지에 자란 용암선인장

(이사벨라섬, 푼타 모레노)

번쩍 뜨일 만한 선홍색의 날씬한 새가 서성이고 있었다. 플라밍고다. 플라밍고는 북아메리카 캘리포니아가 원산지인데 이곳으로 날아온 개체들이 정착한 것 같았다. 절해의 고도는 저 먼바다 한가운데에 고립된 땅처럼 보이지만 끊임없이 생명의 유입을 받아들이고, 키워내고 있다.

조지의 부엌

갈라파고스는 멋있다. 이건 틀림없다. 듣던 것보다 더 훌륭한 거친 용암대지와 거기에 서식하는 특이한 생물들이 삶을 영위하는 장면을 목격한 것은 모든 의미에서 내 생명관을 쇄신시켜주었다. 이는 이 일기의 본편에 자세히 쓴 대로이다. 한편 갈라파고스는 끝없이 가혹했다. 박물학자를 자임하고는 있지만 내 정체는 도시 생활에 의존하는 나약한 인간에 지나지 않는다. 잇따라 밀려오는 용서 없는 자연, 즉 노골적인 피시스(자연 그 자체)의 세례를 오롯이 받으며 움츠러들 수밖에 없었다. 내리쬐는 적도 바로 아래의 태양, 걷기 힘든 무른 경사면. 크레바스 같은 균열 심한 바위. 납작 엎드려 네 발로 엉금엉금 기지 않으면 통과할 수 없는 좁고 긴 동굴. 맨발로는 도저히 걸을 수 없는 뜨거운 모래사장. 그 모래사장에 보트를 대고 상륙할 때는 허리까지 물이 찬다. 다음은 용암대지를 걷고 또 걷는다. 셔츠는 소금물과 땀으로 질척질척 몸에 달라붙는다.

그런가 하면 느닷없이 쏟아지는 장대비. 서둘러 비옷을 뒤집어쓰지만 빗줄기가 억세서 모든 것이 흠씬 젖고 만다. 한편, 수통의 물은 조금밖에 남지 않았다. 시도 때도 없이 목이 마르고, 그리고 이렇게 목이 마른데 동시에 소변이 마렵다. 이 또한 피시스다. 하지만 물론 섬의 벌판에는 공중화장실도, 수도도 없다. 갈라파고스의 자연을 어지럽히는 행위는 엄금이다. 항상 네이처 가이드가 동행하며 감시해주고 있다. 배로 돌아갈 때까지 참는 수밖에. 그리고 간신히 배로 돌아오면 기다리고 있는 건 예의 그 멋진 화장실이다. 그리고 귀중한, 하지만 차가운 소량의 담수가 졸졸 흐르는 페달식 샤워기. 게다가 이 샤워기는 화장실 안에 있다.

선실은 개인실이라고는 하나 좁고 덥다. 천장도 낮다. 짐, 갈아입을 옷, 젖은 옷, 신발, 노트, 안경, 기타 등등 온갖 것이 어질러져 있어 주변은 엉망이다. 침대 위에서 일어나려면 머리를 부딪히고 만다. 어디에선가 묻혀온 작은 모래 때문에 시트 위가 까끌까끌하다. 배가 움직이고 있을 때는 심하게 흔들리고, 배 밖에 있는 발전기가 계속 시끄럽게 울렸다. 뱃멀미가 심하지 않았던 건 다행이었지만 흔들림이 몸 여기저기에 스며들어 배가 멈춰 있을 때나 육지에 있을 때도 종종 머리가 천천히 좌우로 흔들리는 듯 어지러웠다. 이른바 '육지멀미'라고 하는 것이다. 잠시 눈을 감고 증상이 멈추기를 기다린다.

이뿐만이 아니다. 갈라파고스에는 우리 이외의 사람은 아무도 없다. 고요한 만에 정박하고 먼 파도 소리를 들으며 긴 하루를 겨우 마무리한다. 침대에 누워 오늘 본 것, 들은 것을 떠올린다. 오늘도 새로운 발견을 많이 했다. 멋진 하루였다. 그때였다. 귓전에서 엥 하는 불길한 소리가 들렸다. 놀라 몸을 일으켰다. 머리맡의 전등을 켰다. 모기다. 모기가 눈앞을 가로질러 사뿐히 지나가는 게 아닌가. 갈라파고스 같은 곳에도 모기가 있다니! 시원한 저녁 바람을 쐬겠다고 작은 창문을 열어둔 게 화근이었다. 목욕 수건을 움켜쥐고 모기를 눈으로 좇았다.

나는 살아 있는 모든 것을 공평하게 사랑하는 박물학자임을 자임하는 사람이다. 특히 곤충에 대한 애정은 각별하다. 소년 시절부터 굳건한 곤충 마니아였으니까. 하지만 고백하건대 모기만큼은 도저히 용납이 안 된다. 모기에 물렸을 때의 그 참을 수 없는 가려움이 힘들다. 아무래도 나는 벌레에 물리면 반응하는 알레르기 체질인 것 같은데(어렸을 적부터 벌레를 잡으러 다니며 모기나 개미에 엄청나게 물린 탓인지도 모른다), 모기에 물리면 맹렬하게 빨개지면서, 맹렬하게 가렵다. 뿐만 아니라 사람이 많을 때도 꼭 내가 먼저 물리고, 게다가 꼭 많이 물린다. 몇 군데나 물리는 것이다. 에로스적이고 싱싱하다고는 도저히 생각할 수 없는 이 몸을 모기는 열렬히 원하는 것이다. 체온이 높은 건지, 피부의 이산화탄소 방출량이 많은 건지, 특수한 노인 냄새가 나는 건지, 아니면 B형이라 그런 건지(이건 과학자가 할 말은 아니지만), 모기의 특별 목표물이 되고 만다.

나는 모기를 쫓기 위해 수건을 휘둘렀다. 결국 벽 쪽으로 몰아 때려잡았다고 생각한 순간, 어두운 곳에서 모기가 스윽 하고 날다가 사라지는 게 보였다. 모기의 항로를 눈으로 좇고 있는데 아, 이번에는 다른 모기가 다른 방향에서 날아왔다. 발밑을 보니, 두세 마리의 모기가 정신없이 날고 있는 게 아닌가. 방 안이 온통 모기 천지다! 악몽이다. 어째서 이렇게 모기가 많은 거지? 패닉 상태가 된 나는 미친 듯이 수건을 휘둘렀다. 이미 늦은 시간이었다. 아니나 다를까 이미 몇 군데나 물린 듯, 발목과 팔에서 맹렬한 가려움이 습격하기 시작했다. 해변 가까운 수풀에 숨어 있던 모기의 예민한 지각이, 만 깊숙이 정박한 배 안의 희미한 냄새까지 감지했다고 생각할 수밖에 없지만, 만약 그렇다면 엄청난 능력이 아닐 수 없다.

모기는 목표물을 파악하면 소리도 없이 착지하여 그 날카로운 주둥이를 이용해 피부를 찢는다. 모기의 주둥이는 좌우에 두 쌍의 예리한 메스와 나이프가 있는데, 이를 정교하게 사용해 순식간에 피부를 절개한다. 그리고 예리한 칼날이 달린 빨대 모양의 입(흡혈관)을 꽂아 오차 없이 정확하게 모세혈관을 탐지해(아마 빨대 끝에 온도와 진동과 피 냄새를 감지하는 지각 수용기가 있을 것이다), 그곳으로부터 혈액을 빨아낸다. 수 초에서 십여 초 사이에 이루어지는 이 과정은 속전속결이다. 모기는 인간의 피부에 있는 통점이나 압을 느끼는 신경을 교묘히 피하기 때문에 흡혈귀가 붙어 있다는 걸 눈치채기가 쉽지 않다.

그리고 모기가 가진 흡혈관의 바깥지름은 의사들이 사용하는 주사기 바늘의 20분의 1 이하이다. 그런 굵기는 찔려도 전혀 아프지 않다. 흡혈관의 안지름은 사람의 적혈구 지름보다 조금 큰 정도이다. 즉 타피오카 밀크티를 굵은 빨대로 빨아들이는 것과 비슷하다. 호록 호록 호록. 모기는 이런 식감으로 흡혈을 하고 있음이 틀림없다. 다만 모기는 폐의 숨으로 빨아들이는 게 아니다. 흡혈관으로 이어지는 위가 표주박 모양인데, 그 위가 수축하면서 펌핑을 한다.

만약 모기가 오로지 피를 빨기만 하고 가려움증을 남기지 않는다면 나는 기꺼이 모기에게 헌혈을 해줄 것 같다. 모기가 빨아들이는 피의 양은 뻔하다. 그러므로 얼마든지 줄 수 있다. 하지만 모기는 이런 내 제안에 동의해주지 않는다.

모기는 흡혈 도중에 빨대 안에서 피가 굳거나 막히지 않도록 특수한 혈액 응고 저지 물질을 내보내면서 흡혈을 하는데, 이 물질이 알레르기 반응을 일으켜 상당한 가려움의 원인이 된다. 또한, 일본뇌염, 뎅기열, 웨스트나일열, 말라리아 등 무서운 병을 매개하는 작은 빨간집모기, 흰줄숲모기, 학질모기와 같은 모기는 병원바이러스나 말라리아원충을 이 혈액 응고 저지 물질과 함께 내보낸다.

그래서 모기를 피부 위에서 때려잡는 것은 좋지 않다. 모기의 체액이 압력에 의해 우리 피부 안으로 들어가기 때문이다. 가능하면 손끝으로 살짝 튕겨내는 게 좋다. 물론 패닉 상태였던 나는 그런 연민을 부릴 여유는 조금도 없었지만.

어찌어찌 방 안의 모기를 퇴치하고, 창문을 굳게 닫고, 겨우 한숨 돌렸을 무렵에는 온몸이 너덜너덜한 상태로 지쳐 있었다. 여기저기

가렵기까지 하다. 가지고 있던 가려움증 약을 덕지덕지 발랐지만 좀처럼 가라앉지 않았다.

이처럼 매일이 도전이었다. 특히 도시의 나약한 가짜 박물학자에게는 하루하루가 철저히 곤란과 곤혹의 연속이었다. 피부가 약간만 타도 따갑고, 발이 모래투성이가 되고, 셔츠도 바지도 바닷물과 바닷바람과 땀으로 흠씬 젖었다.

비틀거리며 바위 밭을 걸었다. 또 어떤 때는 날카로이 우뚝 선 바위 봉우리 사이의, 파도가 포말을 일으키며 찰싹대는 가파르고 험한 틈새를 반대편 출구까지 헤엄쳐 빠져나가야만 했다. 물론 발밑으로 떨어지는 바다의 깊이는 가늠할 길이 없다. 말 그대로 죽을힘을 다해야 한다.

나도 모르는 새 팔다리 곳곳에 쓸린 상처, 베인 상처를 얻었다. 배로 돌아오면 돌아온 대로 더러운 화장실로 인해 극도의 변비가 되고, 찔끔 나오는 차가운 샤워 물 때문에 고생, 게다가 좁은 선실에서 이처럼 모기의 습격을 받는다. 정말 기진맥진이다. 물론 이는 매일, 직접 눈으로 보는 갈라파고스의 위대함과 웅장한 아름다움에 수십 배나 압도되고, 감동받고, 고무되는, 거듭되는 강렬한 체험에 더해진 기진맥진이다. 조금 과장해서 말하자면 이것이야말로 날것 그대로의 피시스 세례인 것이다.

이런 우리를 구원해준 것은 다름 아닌 요리사 조지 아빌레스가 만들어 준 세 끼의 식사였다. 먹는 것 또한 생명의 피시스다. 그리고 선상의 맛있는 음식은 둘도 없이 소중한 은혜로운 피시스였다.

따뜻한 수프. 충분한 양의 신선한 샐러드. 메인 요리는 호화로운 육류나 생선. 게다가 고기는 소, 돼지, 닭이 매일 번갈아 나오고, 조리법도 소테sauté(육고기·어류를 버터나 샐러드유를 녹인 프라이팬이나 철판에 굽는 방법 - 옮긴이), 피카타piccata(송아지 고기나 닭 가슴살 등을 둥글고 얇게 썬 에스칼로페escalope를 만들어 팬에 굽고, 소스와 레몬즙, 파슬리 등의 향신 양념을 곁들인 이탈리아 요리 - 옮긴이), 그릴, 조림 등 다채로워서 싫증 날 일이 전혀 없었다. 사이드 메뉴에는 납작하게 누른 바나나 튀김(파타콘patacón, 달지 않은 바나나로 만드는 남아메리카의 명물 요리)과 매시드포테이토, 채소볶음 등. 이런 작은 선상에서 우리는 매일 사치스러울 정도로 맛난 음식을 함께 먹었다. 축제라 해도 좋을 정도였다.

익힌 쌀이 주로 나온 점도 밥이 주식인 우리를 안심시켰다. 게다가 그건 그냥 흰쌀밥이 아니라 매끼 고기, 생선, 채소 등을 넣어 지은 밥이었고, 맛국물을 끼얹은 고소한 필래프의 느낌이 나거나 하는 식으로 많은 고민과 정성이 담긴 밥이었다. 요리는 다소 고칼로리인 날이 많았지만 온종일 활동량이 많은 우리 입에는 정말 맛있었다.

밥이 큰 접시에 담겨 나오면 각자 자기 접시에 덜어서 먹는다. 이렇게 먹으면 그날그날의 컨디션이나 식욕에 맞춰 분량을 조절할 수 있어서 좋다. 그리고 조지는 주된 찬을 1인분 정도 푸짐하게 따로 한

접시 담아내주었다. 그러므로 맛있게 먹고, 좀 더 먹고 싶을 때는 그 걸 한 입씩 나누어 먹으면 됐다.

그리고 식후에는 반드시 과일이나 아이스크림 같은 디저트, 커피 까지 곁들여주었다. 풀코스 디너. 체크무늬의 식탁보도 새것으로 바뀌어 있다(이는 233쪽에 별도로 기록한 부지런한 훌리오 담당이었다). 아 침은 아침대로, 갓 구운 토스트, 달콤한 시럽을 끼얹은 팬케이크, 햄 과 치즈를 넣은 샌드위치, 프렌치토스트 그리고 스크램블드에그나 달걀 프라이, 과일주스, 우유, 점심은 점심대로 카레나 어패류를 넣 은 세비체, 문어를 넣고 지은 밥 등.

또 우리가 저녁에 섬 탐험에서 돌아오면 조지는 반드시 간식을 접 시에 담아놓고 기다려주었다. 한입 크기의 튀긴 만두(와 비슷한 것, 엠 파나다)나 팡지케이주pão de queijo(브라질 전통의 치즈 빵—옮긴이)였다. 따끈따끈한 간식을 한입 가득 베어 무는 순간 기운이 난다. 오늘은 맥주를 좀 일찌감치 마셔볼까. 앞에서도 얘기했지만 이곳에서는 맥 주를 '세르베사'라고 한다. 작은 병에 든 '필스너'라는 상표명의 맥주 였다. 깔끔해서 마시기도 좋다. 나는 배 위에서는 계속 이 맥주를 마 셨다. 저녁에, 바람을 맞으며 적도를 지날 때, 저녁 해가 하늘을 꼭 두서니 빛으로 물들일 때, 보름달이 빛으로 바다에 길을 낼 때도.

아무튼 조지의 요리는 완벽하다 할 수 있었다. 5박 6일의 여행 중 같은 메뉴가 두 번 나온 적이 없었고, 어떤 접시도 허술한 건 없었 다. 모두 완성도가 높았고 보기에도 훌륭했다. 흔히들 해외여행을 가면 주문한 요리가 나왔을 때, 생각했던 것과 전혀 다르고 맛도 기대 이하여서 도저히 다 먹을 수가 없다고들 하는데 그런 적은 한 번도 없었다. 오히려 평소 내가 먹던 것보다 훨씬 훌륭했다.

그리고 특이한 점은 조지의 일 처리 능력이다. 한정된 배의 보존 공간에(대형 냉장고가 있기는 하지만) 5박 6일간 필요한 매일 세 끼의 식사 메뉴를 미리 생각하고 그에 맞는 총 승선 인원 8명 분량에 맞춰 식재료, 조미료, 물, 식기, 조리도구 등을 모두 구입하여 쌓아두어야 한다. 고기나 생선뿐 아니라 채소, 과일, 달걀 등 모든 것을 말이다. 갈라파고스는 외딴 섬이다. 대부분의 물자는 대륙에서 조달되는 것이므로 미리 준비하지 않으면 안 된다. 조지는 이 모든 걸 조금의 실수도 없이 해내고 있다.

하물며 모든 요리에 정성이 가득하다. 소스를 만드는 것도, 식재료를 다듬는 것도, 냉동된 것을 해동할 때도(아침에 갑판에 나가보면 그날 저녁 식사 재료인 덩어리 고기를 밖에서 해동하고 있다), 세심한 준비가 필요하다. 배 안의 부엌은 무척 작다. 화구가 3개 있고 그 아래에 그릴도 있기는 하지만 어떤 냄비로 어떤 요리를 어떤 순서로 할지 궁리하는 일은 상당히 머리를 써야 할 것이다.

우리 연구자들도 과학 실험의 성패를 가르는 것은 사전 준비나 계획, 깔끔한 일 처리에 달려 있다. 게다가 매번 8인분 플러스알파의 분량을 만들어야 한다. 생각해보면 대단한 일이다. 엄청난 지력과 노력을 요한다. 더불어 매번, 식후에는 뒷정리와 설거지가 있다,

8인분의! 물론 배에 식기세척기 따위는 없다.

생각해보면, 조지는 언제나 부엌에 서서 바삐 움직이고 있었다. 아마 우리가 섬에 상륙해서 조사하고 연구하는 사이에도 밑 작업이나 준비를 하고 있었음에 틀림없다. 혹은 전날 남은 과일을 믹서에 갈아 바로 신선한 주스를 만들어주기도 했다.

마지막 날 밤, 무사히 여행을 마친 것을 축하하며 조지는 멋진 케이크를 구워주었다. 생크림이 발린 초콜릿 홀 케이크. 이런 케이크의 재료와 조리도구까지 조지는 준비에 만전을 기했다.

케이크를 나누는 방법이 또한 대단했다. 일본 사람이라면 이런 원형의 홀케이크를 자를 때 피자를 자르듯 세로, 가로, 사선으로 나이프를 넣어 6등분, 8등분을 한다. 그런데 남아메리카 사람들의 방식은 달랐다. 우선 가운데 부분을 동그랗게 떠낸다. 물론 이 부분도 먹을 수 있다. 만약 그날이 누군가의 생일이라면 이 가장 맛있어 보이는 가운데 부분을 줘도 좋다. 그리고 도넛 형태가 된 케이크를 천천히 자기가 원하는 만큼 잘라가는 것이다. 이렇게 하니 가운데 뾰족한 부분이 뭉개지지 않기 때문에 케이크를 깔끔하게 나눌 수 있었다. 대단하다! 매일의 상세 식단은 다음 페이지에 해설을 곁들여 사진과 함께 소개해두었으니 꼭 봐주기 바란다. 독자 여러분도 틀림없이 먹고 싶어질 것이다. 조지의 요리법만으로도 책 한 권은 거뜬히 만들 수 있을 것 같다!

1

2

3

1 아침에 일어나면 바로 커피를 준
  비해준다. 식후는 물론, 언제라도
  원하는 만큼, 갓 내린 커피를 맛볼
  수 있다.

2 마시는 요구르트는 플레인과 과
  일, 두 종류. 시리얼이나 과일에 끼
  얹는다.

3 기본 테이블 세팅. 매 식사 전에 훌
  리오가 준비해준다.

1

2

3

1 감자와 치즈가 들어간 스페인식 오믈렛이나 스크램블드에그, 달걀 프라이 등의 달걀 요리가 반드시 한 가지씩.

2 파파야, 멜론, 키위, 딸기 등의 신선하고 다양한 과일과 갓 짠 주스는 매일 다른 종류로.

3 저민 채소와 치즈, 올리브, 햄 등은 갓 구운 빵에 올리거나 그대로 샐러드로.

마벨호에서의 식사, '점심'

1

2

3

1 3월 7일의 메뉴는 포크 소테, 으깬 감자 치즈 구이, 양파 샐러드, 아보카도, 브로콜리 볶음, 사프란 라이스. 비주얼도 맛도 영양 균형도 심사숙고한 음식.

2 **채소 스프** 갓 끓인 스프는 먹기 직전에 서빙해준다.

3 자기가 좋아하는 음식을 원하는 만큼 덜어서 접시에 담는 원플레이트 스타일. 3월 6일의 메인 요리는 마늘을 넣은 문어 볶음과 문어를 넣어 지은 밥.

1

2

3

1 **새우 세비체** 세비체는 어패류에 레몬즙과 향신료를 넣고 절여 먹는 조리법이다.

2 **흰살 생선 카레** 냉동 생선은 미리 선수의 해가 잘 드는 곳에 두어 자연 해동을 했다.

3 **파타콘** 달지 않은 요리용 바나나를 납작하게 썰어 두들겨 편 다음 기름에 튀긴 것. 간식, 안주로 좋다.

마벨호에서의 식사, '저녁'

1

2

1 3월 6일의 메뉴는 채소 샐러드, 유카(카사바) 찜, 뼈 있는 닭 구이, 볶음밥.

2 타마릴로(토마토와 비슷한 과실) 시럽 조림 저녁 식사 후에는 잔손이 많이 간 조지의 본격 디저트. 하루의 피곤을 날려준다.

3 마벨호 선상에서 필스너 맥주를 마시면서 여행 중.

3

1

2

1 3월 8일의 메뉴는 절임 적채 샐러드, 당근 시나몬 샐러드, 콜리플라워 튀김, 로스트 비프, 버터 간장 볶음밥, 초콜릿 케이크.

2 **조지의 부엌** 오른쪽에 화구가 3개, 그 아래 그릴이 있다. 가운데가 개수대, 왼쪽은 도마를 두는 공간. 아담해서 작업 효율이 좋다.

이사벨라섬, 우르비나만

2020년 3월 6일

이사벨라섬, 우르비나만
ISLA ISABELA, URBINA BAY

갈라파고스의 시간축

매일 아침 6시, 정동향에서 떠오르는 아침 해를 본다. 태양은 바로 수직으로 상승한다. 정오, 이글이글 눈부신 태양은 머리 바로 위, 중천에 달한다. 그리고 저녁 6시, 태양은 드넓은 바다를 넘어 정서향으로 가라앉는다. 시계를 가로막는 것은 아무것도 없다. 저녁 해를 받으며 바다는 황금빛으로, 하늘은 꼭두서니 빛으로 물든다.

드디어 꼭두서니 빛 하늘이 가장자리부터 군청색으로 녹아 들어간다. 태양이 가라앉으면 마치 교대라도 하듯 이번에는 동쪽에서 커다랗고 둥근 해가 떠오른다. 어둠이 바다를 지배해도 달빛은 점점 맑고 선명해진다. 반짝이는 빛은 그대로 바다에 투사되어 밝은 한 줄기 달의 길을 만든다. 달의 길 위에는 헤아릴 수 없을 정도의 은빛 파도 마루가 마치 날치 떼처럼 솟아올랐다가 사라진다.

정동향에서 정서향. 달도 태양도 완전한 반원 궤도를 그린다. 낮 12시간. 밤 12시간. 나는 매일 이 광경을 목격했다. 그리고 이 풍경의 한가운데에 있었다. 위도가 거의 0도인 갈라파고스에서 춘분에 가까운 3월을 보낼 수 있었던 것은 은총이다. 게다가 적도 바로 아래임에도 불구하고 전혀 덥지 않다. 오히려 시원할 정도다. 밤바람을 쐬려면 바람막이가 필요하다. 갈라파고스 제도를 감싸는 한류의 덕이다.

그 바람을 안주 삼아 맥주를 마신다. 만약 이런 곳에 젊은 남녀가 함께 있다면 바로 사랑에 빠지겠지. 물론 소설 속 이야기라면 말이다. 날이 밝으면 우리에게는 가혹한 현실 속 탐험이 기다리고 있다. 푼타 모레노를 뒤로한 우리의 마벨호는 하룻밤 걸려 우르비나만에 도착했다. 이곳은 해마 모양을 한 이사벨라섬의 중앙, 가슴 부근, 거대한 알세도 화산이 만들어낸 산기슭에 위치하고 있다. 알세도 화산은 지질 연대적으로는 전날 탐험한 푼타 모레노의 용암대지를 만든 시에라 네그라 화산보다도 나중에 생겼을 것이다. 시에라 네그라 화산은 그 후에도 분화 활동을 거듭한 데 반해 알세도 화산은 일찌감치 분화가 진정된 모양이다. 그만큼 알세도 화산의 산기슭에는 더 빨리 풍화가 진행되었고, 식물이 정착해 무성해졌으며, 토양이 형성되었을 것이다. 식물상이 더 짙다. 이곳에서도 복잡하게 교차하는 갈라파고스의 시간축을 엿볼 수 있다(131쪽 '갈라파고스 제도의 생성 과정' 참조).

우리는 고무보트 두 척에 나누어 타고 웨트 랜딩 방식으로 하선했다. 나는 또 보트에서 뛰어내리는 타이밍을 맞추지 못해 허리 근처까지 젖고 말았다. 어찌어찌 상륙하여 수건으로 발을 닦고, 신발을 갈아신었다. 문득 옆을 보니 모래사장 위에 거대한 늑골이 누워 있다. 어떤 이유로 표류하다가 이 항에 쓸려온 고래의 구슬픈 말로다. 얼마나 오래된 것일까?

우리는 모래언덕을 넘어 관목이 우거진 곳으로 들어갔다. 발자국들이 만든 좁은 길이 있었다. 길 저편에서 거대한 땅거북이 이쪽을 향해 걸어왔다. 바로 뒤에도 다음 땅거북이 따라오고 있다. 땅거북이 다가오니 스一, 하一 숨소리가 울린다. 그만큼 커다란 몸을 움직이고 있는 것이다. 대단한 운동량일 것이다. 땅거북은 우리가 있다는 걸 알아채자 순간 진행을 멈췄으나 곧 걸음을 재개하여 접근해왔다. 길을 양보하는 건 오히려 우리 쪽이다. 길가에 붙어 서서 땅거북이 지나가기를 기다렸다. 아무래도 녀석들은 먹이가 있는 곳으로 모이고 있는 것 같았다. 가까이에 맨치닐(독사과 나무. 땅거북만이 유일하게 먹을 수 있다)이 우거진 곳이 있고, 그곳에는 크고 작은 땅거북 여러 마리가 집합해 있었다. 목을 한껏 뻗어 나무에 열린 작은 열매를 덥석 문다. 둘러보니 주변은 온통 땅거북 천지였다. 저쪽 수풀에 여러 마리. 이쪽 수풀에도 여러 마리.

그때 갑자기 두 마리의 거북이 싸우기 시작했다. 서로 목을 길게 빼고, 입을 벌리고, 상대를 위협하고 있다. 먹이 싸움일까. 하지만 그것도 순간뿐이었다.

이 땅거북들은 평소에는 해발고도 1,000미터인 알세도 화산의 칼데라 안팎에 서식하고 있다고 한다. 나는 미나쿠치 히로야水口博也의 사진집《갈라파고스 대백과ガラパゴス大百科》(TBS 브리태니커)에서 봤던 알세도 화산의 칼데라호에 무수히 많은 땅거북의 등딱지가 늘어선 환상적인 사진이 떠올랐다.

그런 곳을 보고 싶다는 생각도 들었지만 알세도 화산에 오르기 위해서는 본격적인 등산 장비와 식량, 물을 충분히 짊어지고 2박 3일 정도의 강행 일정을 짜야 한다. 그건 도저히 무리일 것 같아 이번에는 단념했다.

땅거북들은 그런 고지대에서 먹이를 구하기 위해 며칠이고 내려오는 것이다. 땅거북이 지나는 경로에는 그 무게로 인해 풀이 쓰러져 '거북 길'이 생긴다. 관목이나 낮은 수풀을 뚫고 가기 때문에 인간이 따라갈 수는 없다. 이런 거북 길을 커다란 땅거북들이 줄지어 내려온다. 먹이를 충분히 섭취하면 그들은 다시 산으로 돌아간다고 한다. 한번 식량을 섭취하면 그 뒤로 오랜 시간, 먹지 않고 지낼 수 있는 것이다.

땅거북의 등딱지

수풀에 땅거북의 등딱지만이 남아 있었다. 유해다. 이곳에서 숨을

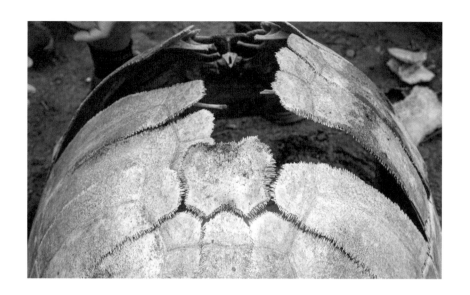

땅거북의 등딱지(유해)

(이사벨라섬, 우르비나만)

거둔 지 여러 해가 흘렀을까. 완전히 새하얘져 있었다. 나는 찬찬히 관찰해보았다. 거북의 골격을 자세히 볼 수 있다.

살이 들어 있던 부분은 완전히 동굴이 되어 있다. 그렇지만 거북은 등딱지를 갑옷처럼 입었다 벗었다 할 수는 없다. 등딱지는 골격과 그리고 살과 일체화되어 있기 때문이다.

기본 구조는 우리와 같아서 등뼈가 있고 늑골이 있다. 이 늑골이 두꺼워지고 넓어지면서 배 쪽까지 감싸며 서로 결합한다. 그리고 육체를 감싸며 닫힌 것이 거북이다. 늑골의 등 쪽에는 비늘이 붙어 등딱지 모양을 만들었다. 비늘은 피부가 경화한 것이며 우리의 손톱과 같은 케라틴이라는 단단한 단백질로 이루어져 있다.

유해의 등딱지는 이미 삭아서 부서지기 시작하고 있었다. 한 장 한 장은 육각형이지만 비늘끼리는 리아스식 해안처럼 미세한 요철 모양으로 서로 단단히 결합되어 있음을 알 수 있었다. 나는 기념으로 등딱지 한 장을 가져가고 싶었지만 참았다. 갈라파고스 제도에서 자연물을 반출하는 것은 엄격히 금지되어 있다.

사람과 거북의 골격은 한 가지 큰 차이가 있는데 바로 어깨뼈의 위치다. 우리의 어깨뼈는 등쪽, 늑골의 바깥쪽에 위치해 팔뼈와 이어져 있다. 거북은 어깨뼈가 늑골의 안쪽에 있고, 거기서 팔이 나와 등딱지의 앞쪽, 즉 우리와는 반대 방향(사람은 ≲≳형인데, 거북은 ≳≲형)으로 뻗는다.

거북은 약 2억 년 전에는 이미 이 골격 구조를 가지고 지구상에 출현했다. 이는 화석으로 알 수 있다. 단단한 등딱지 덕분에 많은 적들로부터 자신을 지킬 수 있었다. 알이었을 시기와 부화 직후 부드러운 새끼 거북 시기를 잘 넘기면 이후는 안전하다. 실제로 이곳 갈라파고스 제도에 땅거북의 천적은 없다. 초식성이므로 선인장이나 사과를 먹으며 천천히 성장하면 된다. 대사의 속도를 저하시키면 그만큼 오래 살 수 있다. 오래 살면 그만큼 더 크게 성장할 수 있다. 실제로 땅거북의 최대 수명은 200년이 넘고, 길이는 1미터 이상, 몸무게는 최대 300킬로그램에 달한다. 땅거북들에게 고난이 쏟아지기 시작한 것은 인간이 이 섬을 발견한 때부터였다.

'천연 뗏목' 가설과 선택의 자유

갈라파고스 제도에 있는 생물들은 대체 어떻게 이곳에 도달하고, 어떻게 이렇게나 기묘한 생태계로 진화해왔을까? 이는 갈라파고스를 둘러싼 최대의 수수께끼라 할 수 있다. 갈라파고스를 절해의 고도, 고립된 비경, 신기한 생물이 넘쳐나는 별천지로 생각할 수도 있다. 하지만 사실 전혀 그렇지 않다. 뭔가 독자적인 방향으로 진행되다가 막다른 길에 도달한 교착 상태의 기술이나 트렌드를 흔히 '갈라파고스화'라고 하는데 이는 잘못된 표현이다. 갈라파고스는 생명 진화의 현장이고, 지금도 엄연히 발전하고 있는 곳, 즉 막다른 길이라기보다는 최첨단인 곳이다. 애초에 갈라파고스 제도는 그 형성부터 '새로운' 곳이다. 아프리카 대륙이나 아메리카 대륙은 오래전부터, 그야말로 수억 년도 더 전부터 그곳에 있었고, 다양한 생물이 나타났다가는 사라지고, 서로 싸우고, 서로 도우며 복잡하게 얽히고, 다중 복합적인 생태계를 만들어왔다.

그리고 엄청나게 많은 종류의 생물, 그야말로 식물부터 곤충, 물고기, 양서류, 파충류, 조류, 포유류에 이르기까지 엄청나게 풍부한, 하지만 만원 전철과도 비슷한, 생태계 간에 삐걱대는 싸움을 하고 있다.

그런데 갈라파고스 제도가 생성된 것은 극히 최근의, 물론 구대륙에 비하면 그렇다는 얘기지만, 아주 조금 오래전의 일이었다. 고작해야 수백만 년 전의 일이다. 게다가 구대륙과는 무관하게 생성되었다. 태평양 한가운데의 해저화산이 폭발하여 화산에서 자갈이 분출되고, 이것이 화산을 쌓아 올려 몇몇 섬을 만든 것이다. 갓 생성되었을 때는 뜨겁고 검붉은 용암 천지라 도저히 생물이 살 수 없었으며, 또한 대륙으로부터 한참 동떨어져 있었기에 대륙의 생물이 건너올 수도 없었다. 가령, 날개를 가진 새 등이 어찌어찌 날아왔다 하더라도 먹이도, 물도, 그늘도 아무것도 없기에 정착할 수 없었다.

즉, 태평양 한가운데에, 신생 지구의 육지와 같은 장소가 홀연히 출현한 것이다. 시곗바늘이 0이 되고 거기부터 천천히, 정말 천천히, 갈라파고스라는 새로운 생명계가 형성되어갔다. 우선 용암이 식어 굳기까지 수십 년, 수백 년이 걸렸을 것이다. 게다가 그 후에도 종종 새로운 화산 폭발이 있어 다시 허허벌판이 되었다. 지금도 갈라파고스 제도 중 서쪽의 신생 섬인 페르난디나섬은 화산활동이 활발하다. 2020년에도 대폭발이 있었다.

식어 굳은 용암대지 위에 처음으로 도달한 것은 바람과 기류를 타고 온 작은 식물의 씨앗이었을 것이다. 하지만 용암대지에는 물이 전혀 없다. 그래서 이곳에 싹을 틔우고, 조금이라도 성장할 수 있는 식물은 건조에 강하고 깊이 뿌리를 내리지 않더라도 약간의 비와 공기 중의 습기만으로 살 수 있는 선인장 같은 두꺼운 잎을 가졌거나 짠 바닷물에도 견딜 수 있는 맹그로브 같은 것뿐이었다. 그래도 오랜 세월을 거치면서 조금씩 식물이 무성해져갔다. 식물의 잎이 (선인장의 가시도 부채처럼 생긴 두꺼운 잎도 잎의 일부이다) 용암 틈새에 떨어지고, 그것을 분해해 양분으로 삼는 미생물이 자라고, 미미하기는 하지만 점점 흙이 생기기 시작했다. 미생물도 물론 무에서 출현한 것은 아니고 바람을 타고 왔거나, 새가 운반해 왔거나, 씨앗에 붙어서 온 것들이다. 미생물의 역할은 위대하다.

흙이라는 것은 사실 모래 알갱이가 아니라 미생물이 만들어내는 유기물 입자다. 그러므로 흙은 살아 있다. 미생물은 공기 중에 함유된 질소를 암모니아로 변환시킬 수 있다. 암모니아는 아미노산의 재료이고, 아미노산은 단백질의 재료가 된다. 질소에서 암모니아를 만들기 위해서는 엄청나게 복잡한 반응과 에너지를 필요로 한다. 지구상의 생명 중에 이것이 가능한 것은 지금도 미생물뿐이다. 식물도 동물도 아니다. 지구상의 모든 생명은 미생물의 작용에 달려 있는 것이다. 이것이 흙을 풍요롭게 하고, 식물의 영양을 만들었다. 유기물로 이루어진 토양이 생성되면 거기에 빗물이 고이고 영양분도 쌓인다. 그러면 조금 다른 종류의 식물, 조금 더 물을 필요로 하고 뿌리를 뻗는 식물도 자랄 수 있게 된다. 바람을 타고 씨앗이 날아오고, 혹은 이따금 날개를 쉬러 내려온 새가 떨어뜨린 똥에 들어 있던 씨앗이 싹을 틔우기도 했다.

식물은 물과 약간의 미네랄이 있으면 다음은 태양의 빛과 공기 중의 이산화탄소를 이용해 생명 활동에 필요한 유기물로 바꿀 수 있다. 이산화탄소에서 만들어진 유기물이란 당이나 전분이나 식물섬유를 말한다. 지방도 여기서 만들어진다. 이로써 생명에 필요한 3대 영양소, 단백질, 당질, 지질이 생성될 수 있는 기초가 정비되었다. 지구가 탄생할 때 일어났던 일이 다시 한번 갈라파고스에서도 재현되었다.

여기서 중요한 것은 식물도 미생물도 대단히 넓은 마음의 소유자라는 것이다. 그들은 자신에게 필요한 만큼만 영양분을 만들거나 자신이 생산한 암모니아를 독점하지 않고, 언제나 조금 더 많이 활동하여 이를 다른 생명에게 나누어주었다. 이기적이 되지 않고 남을 이롭게 하는 것도 생각했다. 즉 이타성이 있었다. 여유가 있는 곳에 이타성이 생기고, 이타성이 생기면 그때 비로소 공생이 시작된다.

이타성은 돌고 돌아 다시 자신에게 돌아온다.

식물이나 미생물은 모두 이를 알고 있었다. 아니, 이타성은 본래 생명 활동이 갖추고 있던 특성이었다. 원래 생명나무의 같은 줄기에서 파생한 가지이므로 그들은 많은 유기물을 만들어 아낌없이 모두에게 나누어주었다.

이런 이유로 식물이 증가하니 그 식물을 먹이로 삼는 생물이 서식하게 되었다. 잎을 먹는 작은 벌레들이 기류를 타고 날아왔다. 새들도 꽃이나 열매를 먹을 수 있었다. 이번에는 벌레와 새들의 활동이 식물의 서식 영역을 확대해준다. 꽃가루나 씨앗을 날라줌으로써. 이리하여 이래저래 생명 활동의 토대가 마련된 다음, 또 다른 생명체가 생존할 수 있는 기회가 찾아왔다.

갈라파고스땅거북의 선조는 남아메리카 대륙에 옛날부터 살고 있던 땅거북으로 알려져 있다. 다만, 땅거북은 바다거북과 달리 헤엄을 치지 못한다. 거북과 같은 파충류인 도마뱀들도 헤엄을 조금은 치는데, 대륙과 갈라파고스 사이의 1,000킬로미터에 달하는 거친 파도를 헤치고 건널 수는 없다. 그러니 갈라파고스의 땅거북과 도마뱀, 이구아나들의 선조가 이 섬에 자력으로 도달하기는 불가능했을 것이다. 천우에 가까운 굉장한 우연의 도움이 필요하다. 그리고 도달했다고 끝이 아니다. 동물이 번식을 하기 위해서는 적어도 한 마리의 수컷과 한 마리의 암컷, 즉 쌍이 필요하다. 그러므로 운 좋게

한 마리만 갈라파고스에 도달한 게 아니라 여러 마리가 거의 동시에 도달해야 이 섬에서 증식할 수 있다.

이에 갈라파고스 연구자들은 '천연 뗏목' 가설을 주장한다. 그건 이런 기적이 일어났기 때문이다. 선조인 땅거북은 지금의 갈라파고스땅거북만큼 크지는 않았다. 등딱지 크기가 고작 30센티미터 정도인 땅거북이었다. 이런 땅거북은 지금도 남아메리카 대륙 여기저기서 볼 수 있다.

대륙에 사는 암컷 땅거북은 부드러운 흙을 파고 거기에 몇 개의 알을 낳았다. 큰비와 큰 폭풍이 몰아치던 어느 날 밤의 일이었다. 남아메리카 대륙의 태평양을 바라보는 해변 근처에 구멍을 파고 알을 낳았는데, 흙더미가 무너지는 바람에 구멍 속 알은 흙과 함께 바다로 흘러가고 말았다. 폭풍은 여느 때보다 거세 인근의 나무를 뿌리째 뽑거나, 큰 나무의 가지를 나뭇잎째 부러뜨리거나, 식물 넝쿨과 담쟁이, 그밖에 해변에 쓸려온 이런저런 쓰레기와 마른 해조 등을 모조리 바다로 쓸어버렸다. 파도와 바람에 부대끼는 사이, 해조와 넝쿨이 나뭇가지를 휘감았고, 거기에 통나무와 가지가 얽히면서 천연 **뗏목**이 만들어졌다. 이 뗏목 한가운데에 땅거북 알이 마치 바구니에 담긴 듯 잘 끼였다. 거북알은 부화까지 2, 3개월이 걸린다. 껍질이 깨지지만 않으면 새끼는 알 속의 양분과 수분으로 성장한다. 바닷물이 들어갈 일도 없다. 알은 물에 뜬다. 나뭇잎과 풀이 쿠션 역할을 해주었다.

남아메리카 대륙의 바닷가에서는 갈라파고스 제도 방향으로 끊임없이 남적도 해류가 흐르고 있다. 천연 뗏목은 부서지지 않고, 무사히 이 해류를 탔다. 만약 날씨가 좋아 바다가 얌전하다면 해류는 2시간 만에 1,000킬로미터의 바다를 흘러, 뗏목을 갈라파고스 제도까지 운반할 수 있다.

반대편의 태평양 저편에서는 적도잠류가 흘러온다. 이 두 해류는 마침 갈라파고스 제도에서 부딪힌다. 그러므로 천연 뗏목은 양방의 해류에 시달리며 갈라파고스 제도의 어느 섬 해안으로 떠밀려왔다. 땅거북의 알 가운데 몇 개는 도중에 바다의 제물이 되었지만 다른 몇 개는 다행히 무사했다.

아무튼 불가사의한 우연이 겹치면서 땅거북의 선조인 땅거북이 갈라파고스 제도에 도달했다. 최초에 도달한 섬이 어디였는지 지금으로서는 알 수 없지만 대륙에 가장 가까운 산크리스토발(채텀)섬이 아니었을까. 이 섬은 갈라파고스 제도 중에서도 가장 오래된 섬이다. 때문에 식물이 가장 무성한 섬이기도 하다. 수원도 있다. 땅거북은 초식이다. 이파리, 작은 야생 사과, 선인장꽃 등 뭐든 먹고 천천히 소화시켜 영양을 섭취한다. 다행히 갈라파고스 제도에는 땅거북의 천적이 거의 없었다.

땅거북이 가장 위험한 것은 알일 때와 알에서 갓 부화한 새끼 때이다. 대륙에는 이들을 노리는 새와 땅속에서 알을 파내어 먹어버리는 여우나 오소리 같은 동물이 있는데, 갈라파고스에는 없었다. 그래서 거북의 선조는 이 섬에서 천천히 살 수 있었다. 그리고 점점 커지고, 또 가까운 섬으로도 퍼져나갔다.

같은 행운으로 도마뱀과 이구아나의 알도 이 섬 어딘가에 도달했다. 하지만 그들은 모두 단단한 껍질을 가진, 건조와 충격에 강한 파충류의 알이다. 개구리나 영원蠑蚖(도롱뇽목 영원과의 동물을 통틀어 일컫는 말─옮긴이)처럼 말랑하고 건조에 약한 양서류의 알은 아무리 천연 뗏목의 보호를 받았다 해도 이 긴 여행을 견딜 수 없었다. 그래서 갈라파고스에는 지금도 양서류가 없다. 또한 대형 포유동물들도 올 수 없었다. 얼마 되지 않는 수의 작은 쥐가 있을 뿐이다. 뗏목 나무의 틈 같은 곳에 숨어서 표류를 피했을 것이다. 그리고 이 섬에 올 수 있었던 포유류는 박쥐뿐이었다.

땅거북, 이구아나, 도마뱀, 새, 한정된 포유류인 쥐와 박쥐. 이리하여 갈라파고스 제도의 신기한 구성원이 완성되었다. 그들은 환경을 나누어 서식하고, 양보하면서 오랜 세월, 이 섬에서 평화롭게 살아왔다. 이구아나의 경우 먹을 것을 둘러싸고 자기네끼리 싸우지 않아도 되게끔 바다에 잠수해 해조류를 먹는 바다이구아나와 내륙에서 선인장꽃을 먹는 육지이구아나로 갈라졌다. 즉 한정된 자원과 식량을 두고 쟁탈하는 게 아니라, 단지 비어 있는 환경으로 이동하면 되었다. 세상 끝 불모의 땅에 나타난 이 섬은, 이곳에 도달한 적은 수의 생명의 씨앗에게 한없이 넓은 생태적 지위를 부여해주었다. 이리하여 갈라파고스의 생물들은 이 광대한 생태적 지위를 누리며 서로 자유롭게, 생존의 선택지를 선택하게 되었다. 생존경쟁이나 자연도태의 압력에 노출되지 않고 오로지 좋아하는 장소로 이동하여 그곳에서 좋아하는 먹이, 좋아하는 행동양식을 선택하면 되었다. 그러면 거기에 여유가 생긴다. 먹이가 있는 곳을 확보하거나, 투쟁하거나, 타자를 경계하거나 겁에 질리거나, 도주할 필요가 없다. 호기심까지 생겼을지도 모른다. 여유란 자발적인 이타성을 의미하기도 한다. 만약 잉여가 생기면 그것은 독점되거나 소장되지 않고, 다른 생물에게 양도된다.

생명에 있어 자발적인 '선택'이 허용되는 넓은 생태적 지위환경, 즉 옵트인opt-in(자진 선택)과 옵트아웃opt-out(굳이 선택하지 않음)이 가능한 세계. 이것이야말로 생명 자유의 기원이다. 갈라파고스의 생태계가 기묘하게 보이는 것은 그것이 한없이 자유롭기 때문이다. 이는 무작위의 변이와 자연도태의 압력으로만 진화를 설명할 수 있는 다윈주의와는 상당히 다른 상황이라 하지 않을 수 없다. 다윈의 고향이라 불리는 갈라파고스가 사실은 가장 다윈적이지 않은 곳이다.

이에 대해서는 다른 기회에 더 고찰하고자 한다. 하지만 이러한 선택의 자유가 위협받는 때가 결국은 오고야 말았다. 인간이 이 섬의 존재를 알았기 때문이다.

땅거북의 집합 장소를 지나 더 안으로 들어간다. 주변은 팔로산토 등의 식물이 무성한 삼림이다. 나무 그늘에서 커다란 육지이구아나를 발견했다. 육지이구아나는 자신들과 선조가 같은 바다이구아나와 생태적 지위를 나누어 육지 쪽을 택했다. 이들이 바다에 들어가는 일은 없다. 꼬리는 길고 얼굴은 동그래서 바다이구아나처럼 헤엄에 적합하지 않다. 하지만 전체적인 풍모나 얼굴 생김새는 비슷하다. 인간을 무서워하지 않는 점도 비슷하다. 땅을 파서 둥지를 만든다. 해조를 먹는 바다이구아나와 마찬가지로 초식성이라 육지에 있는 식물, 선인장의 열매와 풀을 먹으며 산다.

다윈은 《비글호 항해기》에서 육지이구아나를 포획해 여러 개체의 위를 절개한 다음 무엇을 먹는지 조사했다. "거기에는 식물 섬유와 각종 수목, 특히 아카시아 잎이 가득했다. 녀석들은 고지대에서는 과야비타guayabita(산딸기의 일종으로 술의 원료로도 사용된다.─옮긴이)의 시고 떫은 열매를 주식으로 한다"고 쓰고 있다. 다윈은 과감하게도 이구아나를 먹어보기까지 했다. "이 육지이구아나를 요리하면 편견 없는 위를 가진 사람에게는 안성맞춤의 흰 살코기"라고 했다.

나무 그늘 아래의 육지이구아나는 조형물처럼 꼼짝 않고 있었다. 그리고 그 바로 앞에는 조금 더 작은 육지이구아나가 역시 고개를 쳐든 채 가만히 웅크리고 있었다. 수컷과 암컷이다. 나는 녀석들이 놀라지 않도록 조금 떨어진 곳에 쭈그리고 앉아 앞으로 일어날 일을 관찰하기로 했다. 그대로 10분 정도가 흘렀지만 둘은 미동도 하지 않았다. 접근할 기색도 없다. 설마 내가 보고 있어서는 아니겠지. 그토록 사람을 무서워하지 않는 녀석들이 하필 지금만 사람의 눈을 의

서식 굴 앞에 웅크리고 있는 수컷과 암컷 육지이구아나

(이사벨라섬, 우르비나만)

용암도마뱀의 교미

(산타크루스섬)

식하는 거라고는 생각하지 않는다. 15분을 더 기다렸지만 녀석들은 아무런 행동도 하려 들지 않았다. 나는 포기하고 자리를 떴다.

다른 곳에서는 훨씬 격한 육지이구아나 쇼를 보았다. 대형 수컷이 수풀 속에서 상당한 속도로 전진하고 있었다. 향하는 곳을 보니 암컷 이구아나가 있었다. 수컷은 한층 거리를 좁히더니 갑자기 전속력으로 달렸다. 그 순간 암컷도 전속력으로 도망치기 시작했다. 그대로 암컷은 건너편 수풀로 도망치며 자취를 감췄다. 이구아나 사이에도 취향이 있나 보다.

대신이라고 하면 뭣하지만 용암도마뱀들이 사랑을 나누는 순간은 목격할 수 있었다. 수컷이 슬렁슬렁 암컷에게 다가갔다. 암컷은 도망치려 하지 않았다. 수컷은 살포시 암컷 등 위로 올라탔다. 그러자 암컷은 하반신을 비틀어 들어 올리며 수컷에게 '협력'했다. 그리고 '끽' 하는 고성을 질렀다. 순식간에 일어난 일이었다. 성적 합의가 이루어진 것이다.

레온 도르미도

이 여행의 마지막 날의 일이다. 고속정은 물보라를 일으키며 파란 바다를 질주했다. 왼쪽에는 산크리스토발섬의 그림자가 이어지고 있다. 이 섬은 갈라파고스 제도 중에서 가장 먼저 해저에서 솟아올

랐고, 이후 판 운동에 의해 가장 동쪽으로 밀려난 섬이다. 즉, 갈라 파고스 제도 가운데 가장 역사가 오래됐다. 약 500~600만 년 전 이미 섬이 생성되어 있었다. 그래서 이 섬에는 갈라파고스 제도 중에서 가장 생물상이 많다. 과거 갓 형성된 화산으로서 날카로운 모습을 하고 있었을 산은 완전히 둥근 구릉이 되어 짙은 녹음으로 뒤덮여 있다. 과거에는 용암류가 만들어낸 거친 낭떠러지였을 해안선이 지금은 온화한 파도가 밀려오는 하얀 모래사장이 되었다. 갑자기 오른쪽 해상에, 즉 섬과는 반대쪽 바다 위에 기괴한 거대 암석이 보이기 시작했다. 스톤헨지를 바다에 심어놓은 듯했다.

"저게 키커록이에요. 스페인 이름은 레온 도르미도Leon Dormido, '졸고 있는 사자' 바위라는 뜻이죠.' 미치 씨가 가르쳐주었다. 우리 배는 속도를 높여 레온 도르미도로 다가갔다.

점점 가까워질수록 레온 도르미도가 말도 안 되게 커다란 바위라는 걸 깨달았다. 갈색의 거대 바위는 둘로 쪼개져 바다에서 곧장 하늘을 향해 서 있었다. 거의 수직으로 바다를 향해 떨어진 바위 표면에는 성난 파도가 끊임없이 부딪혀 흰 거품을 일으키고 있었다.

사람이 오를 여유는 도저히 없어 보였다. 나무나 식물도 없다. 다가오는 모든 것을 거절하는 벌거숭이 거대 암석이다. 바위 끝은 뾰족하고 높이는 50미터 정도 되는데, 군함조만이 유유히 상공을 선회하고 있었다.

주변 바다는 깊다. 즉 레온 도르미도는 과거 해저화산 꼭대기의 암석이 만들어낸 능선이 바다 위로 머리를 빼꼼 내밀고 있다는 뜻이다. 이는 이 바위가 아래로 수백, 수천 미터나 깊게 바다의 나락에 뿌리를 박고 있다는 걸 의미한다. 상상만으로도 무섭다.

"배는 더이상 진입할 수 없어요. 배에 부딪히면 난파합니다. 자, 여기서부터 헤엄을 치겠습니다. 저 바위와 바위 사이의 해협을 건너봅시다."

"뭐라고요?"

바위와 바위 사이는 좁은 바다의 회랑으로 되어 있고, 이쪽에서 저쪽까지 뚫려 있다. 파도가 쉼 없이 부딪히는 탓에 배는 당연히 들어갈 수 없다. 그래서 우리는 스노클링 장비와 오리발을 장착하고 회랑 사이를 헤엄쳐 저편 출구 밖에서 배와 만나기로 했다. 등골이 오싹했다. 자랑은 아니지만 나는 운동신경이 둔하다. 완전히 맥주병은 아니지만 25미터 실내 수영장을 건너는 게 고작이다. 그런 내가 이 거친 파도 속을 헤엄치다니, 도저히 불가능하다.

하지만 동시에 나는 알고 있었다. 이 깊은 바다의 회랑에야말로 갈라파고스의 멋진 광경이 펼쳐져 있음을. 애초에 나는 이것을 보기 위해 이 먼 곳까지 오지 않았던가.

"후쿠오카 박사님, 어떻게 하시겠어요? 물론 무리하지 않으셔도 됩니다."

미치 씨가 이렇게 말해주었다. 안전을 기해 나는 배에서 기다리고, 사진작가만 촬영을 다녀올 수도 있었다. 하지만 마치 보고 온 것처럼 사진을 싣고, 거기에 그럴듯한 문장을 얹을 뿐이라면, 남은 평생, 후회할 것이다. 아아, 작가라면 그때 내 눈으로 직접 봤어야 했어, 하고. 그 바다의 감촉을 직접 체험해두어야 했다. 결심을 굳히고 일어섰다.

"가겠습니다."

수영복으로 갈아입고, 오리발을 신고(말은 이렇게 하지만 나는 오리발을 신는 법조차 제대로 몰랐다), 고글 밴드를 머리에 단단히 두르고, 스노클링용 마우스피스를 물었다. 전문 강사가 앞장섰다. 그가 소리쳤다.

"렛츠 고!"

나는 바다로 뛰어들었다(고 해야 하나, 거의 바다에 몸을 던져 넣었다). 물은 생각보다 차가웠고, 물에 떨어지자마자 높은 파도가 내 몸을 집어삼켰다. 죽을힘을 다해 팔다리를 휘저어 해수면 밖으로 머리를 내놓고 강사를 찾았다. 그는 수 미터 앞에서 헤엄치고 있었다. 손가락으로 바위 방향을 가리켰다. 저쪽으로 가라는 사인이다. 해수면에서 올려다보는 바위는 더 거대하고, 압도적인 질량으로 내 머리 위를 뒤덮고 있었다.

바위와 바위 사이 바다의 회랑은 깊은 푸른색이었다. 폭은 10미터, 아니 20미터는 됐을 것이다. 길이는 50미터 정도. 아니 더 길었을지도 모른다. 해수면 위로 머리만 내놓고 있으니 완전히 거리 감각이 둔해졌다. 개미가 거대한 미로에 던져지면 분명 이런 기분일 것이다. 양쪽 입구에서 높은 파도가 끊임없이 들이쳐 회랑 가운데서 맞부딪히고, 양쪽의 가파른 벼랑에 부딪혀 물보라를 일으켰다. 나는 나뭇잎처럼 이리저리 휩쓸렸다. 아무튼 끝까지 헤엄쳐 이곳을 빠져나가야 한다.

회랑 안쪽으로 들어가니 한층 더 수온이 내려간 듯했다. 아마 그늘이라 그런지도 모른다. 전문 강사가 아래를 보라고 손가락으로 사인을 주었다. 고글 유리 너머로 물속을 바라보았다. 놀라운 광경이 펼쳐져 있었다.

암벽이, 바다 아래로 쭉 뻗어 있었다. 물은 투명해서 저 아래 깊은 곳까지 깨끗하게 보였다. 그래도 끝이 보이지 않을 정도로 깊다. 수백, 수천 가지 형형색색의 물고기들이 각자 무리를 지어 놀고 있었다. 저쪽은 노랗고 둥근 물고기가, 이쪽은 파랗고 길쭉한 물고기가, 저 너머는 오렌지색의 반짝이는 물고기가 헤엄을 치고 있었다. 그보다도 깊은 층에서 정말 커다란 가오리가 천천히 헤엄쳐 왔다. 한 평 정도나 되는 검고 매끈한 가오리의 등에는 예쁘고 하얀 물방울들이 흩어져 있었다. 넋을 놓고 보고 있자니 가오리는 가느다란 꼬리 궤적을 남기고 시야 저편으로 홀연히 사라졌다. 그러자 이번에는 오른쪽에서 등딱지에 금빛 별 모양을 업은 바다거북이 앞을 가로질러 간다. 바다거북은 때때로 바위 표면에 붙은 해조류를 먹는 모양이다. 모든 생물이 완전히 자유롭게 움직이고 있었다. 낙원이란 바로 이런 것이다. 인간의 존재와는 관계없이 생명은 각자의 온전한 삶을 살고 있다.

이 즈음에는 물도 차갑게 느껴지지 않았다. 희한하게도 처음에 느꼈던 공포감도 어느새 사라졌다. 나도 바다 생명체의 일부가 된 듯한 기분이 들어 파도의 움직임에 저절로 몸을 맡기게 되었다. 마침 적도의 태양이 두 바위 사이 바로 위에 위치했다. 햇빛은 여러 가닥으로 된 빛의 화살이 되어 깊은 바다 저 아래까지 쏘았다. 파도에 반사된 빛은 파도의 렌즈 작용에 의해 그물 모양으로 퍼져 나가며 쉬지 않고 흔들려 마치 환한 거미줄을 물속에 친친 쳐놓은 것 같았다. 나는 왠지 그대로 녹아들 것 마냥 정신이 아득해졌다. 정신을 차리고 다시 한 번 물을 차며 바다 회랑 저편에 있는 출구 쪽으로 나아갔다. 나는 숨을 힘차게 내쉬며 스노클링 물을 내뱉었다. 강사가 우리를 기다리고 있는 배의 방향을 손가락으로 가리켰다. 아, 무사히 완주한 모양이다. 이렇게 풍요로운 바다를 본 적은 없었다. 진짜 자연. 피시스로서의 자연.

배로 돌아오니 헤엄치느라 지쳐 몸이 무거워진 걸 느낄 수 있었다. 하지만 그건 따뜻하고 기분 좋은 피로였다. 나는 흔들리는 배 위에서, 몸의 한가운데로부터 진하게 퍼지는 쾌감에 몸을 맡겼다.

레온 도르미도. 이 바위와 바위 사이를 헤엄쳤다.

(산크리스토발섬)

레온 도르미도 부근의 바닷속에서 헤엄치는 물고기들.

(산크리스토발섬)

이사벨라섬, 타구스곶

이사벨라섬, 타구스곶
ISLA ISABELA, TAGUS COVE

적도를 통과하다

마벨호는 이사벨라섬 중부의 우르비나만를 뒤로하고 북쪽으로 향했다. 이사벨라섬과 페르난디나섬 사이의 볼리바르해협을 통과해 다음 기항지인 이사벨라섬 타구스곶을 향한다.

갈라파고스 제도 최대의 섬인 이사벨라섬을 해마에 비유한다면, 마치 용이 자기 가슴에 보석처럼 품고 있는 것이 페르난디나섬이다. 갈라파고스 제도의 시간축 중에서는 가장 최근에 생성된 섬으로, 지금도 화산이 높은 연기를 뿜어내고 있다. 이사벨라섬 쪽에도 높은 화산이 많고 해안가에는 가파른 용암 절벽이 줄지어 있다. 이 이사벨라섬과 페르난디나섬 사이에 회랑 같은 좁은 바다가 있다. 바로 볼리바르해협이다. 남위 0.3도. 이곳을 지날 때 양쪽에서 압박해오는 황량한 풍경은 장대한 갈라파고스에서도 최고의 장관이 아닐까. 1835년 9월 29일, 비글호에서 이 광경을 본 찰스 다윈도 틀림없이 눈이 휘둥

그레졌을 것이다. 참고로 9월 29일은 내 생일이기도 하다.

《비글호 항해기》에는 다음과 같이 기술되어 있다.

> 9월 29일. 우리는 알베마를레섬Albemarle Island(이사벨라섬)
> 의 남서단을 회항했다. 다음날은 그 섬과 나보로섬Narborough
> Island(페르난디나섬) 사이가 무척이나 잔잔했다. 두 섬 모두 검
> 고 선명한 용암으로 뒤덮여 있었다. 끓어오르는 항아리에서
> 분출하는 아스팔트처럼 거대한 화구 가장자리에서 흘러넘쳤
> 는지 아니면 산 중턱의 개구부에서 분출됐는지 모르겠지만 아
> 무튼 용암이 흘러내릴 때, 이것이 몇 마일에 걸쳐 해변 위로 퍼
> 져나간 것으로 보인다. 두 섬에서 모두 화산 폭발이 있었음을
> 알 수 있다. 알베마를레섬에서는 한 거대한 화구 정상에서 희
> 미하게 연기가 피어오르는 것을 목격했다. 저녁이 되어 알베
> 마를레섬 뱅크스만에 닻을 내렸다.

그로부터 185년이 지난 지금, 나도 같은 광경을 목도하고 있다. 마
벨호는 천천히 볼리바르해협으로 진입했다. 여기보다 남쪽인 우르
비나만에서부터 야간 항해를 했기에 이제 어둠이 걷히려 하고 있었
다. 주변은 아직 희미한, 이른 아침의 빛에 싸여 있다. 볼리바르해협
의 양쪽 해안에서는 각각의 섬 그늘이 어두운 거인처럼 앞을 가로막
고 있다.

마벨호는 조금 돌아서 이사벨라섬 쪽으로 다가갔다. 거기에 오늘의 정박지가 있었다. 타구스곶이라는 이름이 붙은 이 작은 만은 비밀장소 같았다. 볼리바르해협 안쪽에서도 더 깊숙이 들어간 곳에 있어서 그런지 해수면이 거울처럼 고요했다. 이곳은 에콰도르가 점령을 선언하기 전에는 해적선이나 포경선의 정박지였다고 한다. 확실히 숨기 좋은 항이다.

문득 만 저편을 보니 승객이 있었다. 소형 유람용 요트인데 높은 돛대 2개가 우뚝 서 있다. 세련된 배의 실루엣과 현창의 작은 불빛만 보였다. 어떤 목적으로 온 배일까? 저쪽 배도 우리 마벨호가 왜 여기에 왔는지 의아해하고 있을지 모른다. 뭐랄까, 해적선끼리 우연히 마주친 듯한 기분이라고 할까.

조지가 식사 준비를 하는 동안, 나는 갑판을 돌며 수면을 내려다보았다. 아직 밖은 어둡다. 고요한 물이 호수의 표면처럼 펼쳐져 있고 물결 하나 없다. 나는 손에 들고 있던 회중전등으로 수면을 비추어 보았다. 그 순간, 여러 줄기의 가는 바늘 같은 빛이 스쳐 지났다. 다른 곳을 비추어보니 역시 빛의 화살이 지나갔다. 처음에는 발광 어류 같은 것인가 싶었지만 어둠 속에서는 아무것도 보이지 않는다. 회중전등을 비췄을 때만, 눈인지 비늘인지가 반사하며 빛나는 것 같았다. 게다가 빛을 피하듯 도망친다. 무수히 많은 작은 물고기가 주변에서 군무를 하고 있는 것이다.

갈라파고스 제도의 해역은 그야말로 풍부한 수산자원을 품고 있다. 한류가 흘러들어오는데 왜일까? 처음에는 의문이 들었다. 하지만 한류가 흘러들어오기 때문에 더더욱 풍성한 바다가 된 것이다. 즉 이런 까닭이다. 태평양 쪽에서 갈라파고스 제도를 향해 오는 적도잠류는 차갑기 때문에 수심이 깊은 부분으로 흘러들어온다. 이것이 갈라파고스 제도의 해저에 있는 해분海盆(해저 3,000~6,000미터의 깊이에서 약간 둥글게 오목 들어간 곳 – 옮긴이)에 부딪혔을 때 상층부로 솟구친다.

이때 바다 바닥에 가라앉아 있던 대량의 유기물과 염류를 표층으로 끌어 올려주는 것이다. 이것은 표층부에 서식하는 플랑크톤이나 해조류의 중요한 영양소가 된다. 플랑크톤이나 해조류는 어패류와 해양생물의 식량이 된다. 어패류는 새, 바다사자, 물개들의 적절한 양식이 된다. 우리가 푼타 모레노에 도착했을 때 가마우지가 대문어와 격투기 쇼를 벌인 것은 앞에서 이야기했다. 이리하여 화산의 용암으로 뒤덮인 갈라파고스의 육지는 생태계 차원에서 아직 발전 중이지만, 바다는 이미 생물의 생존권이 충분히 확립되어 있는 것이다.

나는 이번 여행을 준비하며 일단 낚시 도구 한 벌(과 곤충채집 도구 한 벌)을 가지고 왔다. 어쩌면 야외 조사를 할 기회가 있을지도 모른다는 생각에서였다. 그리고 실제로 이런 해역에서 낚시대를 던진다면 그야말로 대물이 줄줄이 낚여 올라올 것이다. 실제로 다윈은 갈라파고스 해역에서 무려 15종이나 되는 신종 해수어를 채집했다.

하지만 유감스럽게도 내게는 그런 기회가 없었다. 이 여행에는 갈라파고스국립공원국의 네이처 가이드 겸 감시원인 차피 씨가 동행하고 있고, 동식물 채집과 반출은 일절 금지되어 있다. 이 규칙을 어기면 큰일이 난다는 것은 앞에서 밝혔다(82쪽).

섬에서 섬으로 이동할 때는 신발 바닥에 붙은 모래까지 깔끔하게 털어내야 한다. 인간의 이동에 따른 생태계의 교란을 막기 위해서다. 하지만 인간의 부주의한 침입으로부터 갈라파고스의 자연을 보전하겠다는 의식이 높아진 것은 지극히 최근의 일에 불과하다. 다윈의 시대에는 뭐든 마음대로 할 수 있었고 잡을 수 있어서 다윈은 대량의 표본과 박제를 영국에 가지고 돌아갔으니 말이다. 날이 밝아왔다. 아침식사 전 우리는 타구스곶에 상륙해 섬을 탐험 조사하기로 했다.

'타구스'라는 말은 1814년, 이곳을 방문한 영국 선박 타구스호에서 유래한다. 그래서 같은 영국에서 온 다윈도 당연히 이를 알고 있었을 것이다. 비글호가 닻을 내린 '뱅크스만'이라는 곳은 이곳과 가깝다. 분명 이 부근은 배가 정박하기 좋은 곳이라 할 수 있다.

이곳은 옛날부터 상륙 지점이었기 때문에 해안의 바위 밭에 작지만 나무로 된 선창이 설치되어 있었다. 덕분에 우리는 고무보트를 대고 드라이 랜딩(물에 젖지 않고 상륙)할 수 있었다. 놀랍게도 상륙 지점 바위 벽에는 수많은 낙서가 있었다. 주로 배의 이름이라든가 연대였다. 정말인지 어떤지 모르겠으나 1800년대의 것까지 남아 있었다. 해적들, 정착민 그리고 아직 규제가 충분하지 않던 시절에 왔던 사람들이 함부로 적은 것인 듯했다. 지구의 생태계는 인간의 생존에 있어 없어서는 안 되는 것이지만, 지구의 생태계에 인간은 없어도 별 영향이 없다. 오히려 최후에 온 방약무인傍若無人한 외래종이다. 세상은 인간이 없는 편이 더 평화로웠다.

선창 주변의 바다에는 많은 펭귄들이 헤엄을 치고 있었다. 갈라파고스 펭귄이다. 배는 하얗고, 등은 검다. 눈 주변은 분홍색인데 무척 귀엽다. 키는 50센티미터 정도. 바위 밭에서 두 발을 모으고 물에 퐁당 뛰어들며 즐겁게 헤엄을 친다. 남극에 있어야 할 펭귄이 이런 적도 바로 아래에 있는 게 신기하지만 이 친구들도 언젠가 표류 끝에 갈라파고스에 도달했고 마땅한 거처를 찾은 것이다.

상륙하자마자 오르막이다. 절벽에는 화산재 퇴적물이 만들어낸 줄무늬 지층이 눈에 띈다. 주변은 팔로산토를 중심으로 한 저목림이다. 언덕길을 더 올라가니 능선이 나왔다. 그 건너편에는 칼데라호가 있었다. 마슈호摩周湖(일본 홋카이도에 있으며 전 세계에서 바이칼호에 이어 두 번째로 투명도가 높은 호수로 알려져 있다.—옮긴이)처럼 파란 물을 가득 담고 있다. 저 멀리 아래에는 타구스곶의 만이 보이고, 우리 마벨호도 자그마하게 보인다. 해수면 기준으로는 상당히 고도가 높은 걸로 보아 이 칼데라호에 고여 있는 물은 해수가 침윤한 게 아니고 빗물이 고인 것일지도 모른다. 그렇다면 귀중한 담수다. 하지만 칼데라까지의 절벽은 경사가 너무 급해 가까이 갈 수 없었다.

문득 정신을 차리고 보니, 주변 나뭇가지 사이로 작은 새들이 오가고 있다. 핀치인 모양이다. 여기서는 아직 땅거북을 만나지 못했다. 우르비나만에는 그렇게 많았는데. 땅거북들은 화산마다 다른 취락과 행동 범위를 형성하고 있는 것 같다.

더 올라가니 저편에 바위 봉우리가 보였다. 야리가타케槍ヶ岳(나가노 기후현 경계에 솟아 있는 높은 봉우리로 '야리'는 '창'을 뜻한다.―옮긴이)의 창 화살촉을 닮은 봉우리 같은 느낌이다. 저기까지는 가는 거냐고 차피 씨에게 물으니 그렇단다.

바위 봉우리 정상에 서니 360도 고도감 넘치는 조망이 기다리고 있었다. 나는 수통의 물을 마시고 주변 경관을 둘러보았다. 시계를 가리는 것은 아무것도 없다. 사방에 갈라파고스가 펼쳐져 있었다. 북쪽은 거친 용암대지 그 너머로 갈라파고스 제도 최고봉인 울프 화산이 늘어서 있다. 해발고도 1,708미터. 동쪽은 완만한 경사의 듬성한 스칼레시아 삼림이 펼쳐져 있는데 커다란 다윈 화산의 산괴로 이어진다. 서쪽과 남쪽은 지금 올라온 산길과 그 앞의 타구스곶으로 이어질 테지만 여기에서 바다는 보이지 않는다. 용암류. 그 위에서 자라고 있는 식물상. 이들을 단번에 쓸어버린 새로운 용암류. 마치 다른 색의 융단을 펼쳐 놓은 것 같아 지표면의 생성과정을 한눈에 알아볼 수 있다.

우리는 마벨호로 돌아와 아침을 먹었다. 오늘은 팬케이크(메이플 시럽을 끼얹은), 바삭하게 구운 베이컨, 스크램블드에그, 치즈, 토마토, 모둠 과일, 커피. 어떻게 이런 형형색색의 메뉴를 준비했는지 진심으로 감사했다. 조지, 고마워요.

그리고 다시 고무보트를 타고, 만 안의 바위 밭, 동굴 등을 관찰하러 나갔다. 가는 곳마다 펭귄, 가마우지, 부비새, 바다사자, 바다이구아나들이 있었다. 그야말로 생명을 찬양하고 있었다. 살아 있는 것들의 여유가 느껴졌다. 그들은 서로 먹고 먹히는 관계가 아니며 대형 육식 동물이 없는 이 섬에서는 무언가에게 공격을 당할 걱정도 할 필요가 없었다. 바다에는 먹이가 풍부하고, 서식지의 범위도 넓다. 싸울 필요가 거의 없는 것이다. 물론 말똥가리나 올빼미 등 육식 조류는 있지만 그들의 먹이는 더 작은 생물로 한정되어 있다.

볼리바르해협을 빠져나가면 그곳에는 눈에 보이지 않지만 선명한 선이 있다. 적도다. 마벨호가 이사벨라섬과 페르난디나섬 사이의 볼리바르해협을 빠져나가 남반구에서 북반구를 향해 적도를 통과하려는 순간이었다.

나는 마벨호 선수의 짐 두는 곳에 앉아 진행 방향을 바라보고 있었다. 한 손에는 필스너 맥주병. 나는 이 여행에서 이 맥주를 몇 병이나 마셨던가. 강한 바닷바람에 몸을 맡겼다. 영화 〈타이타닉〉의 주인공인 체해보지만 당연히 옆에 연인은 없다. 오른쪽에는 이사벨라섬 다윈 화산의 커다란 산괴가 완만하게 펼쳐져 있고, 산 표면에는 용암류가 흘러내린 흔적이 여러 가닥 남아 있다. 산기슭 부분은 삼림으로 뒤덮였고, 해안부는 용암의 갈색 바위 밭이 길게 이어졌

군함조와 항해 중
(이사벨라섬 북부 해상)

다. 왼쪽에는 활화산이 있는 무인도 페르난디나섬이다. 최근에도
계속 폭발 중인 라쿰브레 화산이 아름답고 완만한 경사를 만들며 솟
아 있는데, 산 정상 부분은 화산 연기와 구름이 섞여 보이지 않는다.
그 사이에 펼쳐진 해협의 끝에는 태평양의 수평선이 누워 있을 뿐이
다. 해는 서서히 저물고, 그다음은 장대한 노을이 나타날 것이다. 하
늘은 전체가 엷고 파랗게 펼쳐져 있다. 이 주변은 항공기의 항로도
없고, 제트기의 소음이 해명海鳴(바다에서 단속적으로 들려오는 먼 우레
와 같은 소리 – 옮긴이)을 어지럽힐 염려도 없다.

나는 머리를 기울여 한참 동안 하늘을 올려다보았다. 바로 위 뒤쪽은 조타실. 그 위는 통신용 안테나가 높이 서 있다. 거기에 제트기 대신, 갑자기 검은 그림자가 살며시 나타났다. 뾰족한 부리, 길고 세련된 날개, 길게 뻗은 꼬리. 한 마리의 군함조였다. 날개를 펼치면 2미터는 족히 될 것이다. 마치 백악기에 살았던 익룡 프테라노돈 같은 웅장한 모습이다. 녀석은 날갯짓을 전혀 하지 않았다. 바람을 능숙하게 파악해 그저 활공할 뿐이다. 게다가 배 바로 위에서, 배와 똑같은 속도를 유지하며 날고 있다. 그래서 올려다보는 내 입장에서는 군함조가 마치 배의 일부인 양 하늘에 고정된 것처럼 보인다. 아주 약간 어긋날 때도 있지만 거의 완전히 배와 함께 달리고 있다. 어떻게 이렇게 능숙하게 날 수 있을까? 그리고 왜 나와 함께 있어주는 걸까? 녀석은 분명 밑에서 우리가 올려다보고 있다는 걸 의식하고 있다. 이따금 조금씩 머리를 움직여 내 쪽을 본다. 내가 손을 흔들면 반응한다. 부르면 (목소리로 대답하지는 않지만) 확실히 들리는 것처럼 부리를 움직인다.

나는 왠지 무척이나 신이 났다. 여행은 길동무. 군함조는 작은 배에 탄 내가 적도를 통과하는, 이 기념비적인 순간을 알고 동무가 되어주고 있는 것이다. 이 순간을 함께 축하해주고 있는 것이다. 이렇게 생각하니 진심으로 즐거워졌다. 이것이 갈라파고스다. 한동안 우리는 친밀한 공기를 공유하면서 함께 바닷길을 달렸다.

초읽기가 시작되었다. 1분 후면 마벨호는 적도를 통과한다. 배는 어느새인가 해협을 빠져나가 넓은 바다로 나와 있다. 페르난디나섬은 이미 저편으로 멀어졌고, 오른쪽에는 해마 형태를 닮은 이사벨라섬의 끝부분이 보일 뿐이다. 남위 0.02, 0.01, 0.00! 적도를 통과했다. 야호! 건배. 나는 맥주병을 비웠다.

그런데 그곳에는 드넓은 바다가 끝없이 펼쳐져 있을 뿐이었다. 태양은 이미 기울어 서쪽 하늘을 꼭두서니 빛으로 물들일 준비를 하고 있었다. 군함조는 우리 배가 무사히 적도를 통과하는 걸 보는 게 임무였다는 듯 순간 날개를 비스듬히 기울이더니 천천히 오른쪽을 선회해 서서히 배에서 멀어지기 시작했다. 드디어 새의 실루엣이 섬 그늘과 겹치며 어느새 시야에서 사라졌다. 나는 군함조의 '호의'를 분명히, 무엇보다 바로 옆에서 느꼈다. 나는 보이지 않는 모습을 좇으며 조용히 소리 없는 감사의 기도를 했다.

만능 일꾼 훌리오

우리 마벨호의 여행은 듬직한 승무원들 덕에 성공적으로 마칠 수 있었다 해도 과언이 아니다. 다른 장에서 소개했듯이 면밀하고 냉정하며 침착한 조종으로 이번 여행을 그 어떤 지연도, 문제도 없이 완수해준 뷔코 선장, 접안과 상륙 시 고무보트를 정교하게 조작해 우리를 안전하게 섬으로 데려다준 구아포 부선장, 그리고 매일 훌륭한 식사를 제공해준 요리사 조지. 모두에게 가슴에서 우러나는 감사와 경의를 표한다. 하지만 여행 일정 중 거의 만날 일이 없었던, 다른 한 명의 승무원, 훌리오에 대해서도 꼭 기록을 남기고 싶다. 훌리오는 몸집이 작고 과묵한 청년이었다. 우리를 포함해 승무원 중에서 가장 젊지 않았을까. 그의 역할은 조종 조수 겸 잡무 담당이었는데 보이지 않는 곳까지 정말 잘 관리해주었다.

낮에 우리는 섬에 상륙해 탐험 조사나 취재를 한다. 그동안 훌리오는 마벨호를 수선, 유지하기 위해 엄청나게 바쁜 시간을 보냈을 것이다. 대형 폴리에틸렌 물통에 든 물을 배의 급수 탱크로 옮기거나 엔진 연료를 보충하거나 조지를 도와 식재료를 해동했다. 그리고 공용장소와 화장실 청소.

식재료로 말하자면, 조지는 이번 5박 여행에 필요한 매일 세 끼의 식재료를 완벽하게 준비해두었다. 사람 수에 맞게, 과하거나 부족함 없이(이 또한 부족하다 싶은 사람은 더 먹을 수 있을 정도로), 식사 때마다 다른 요리 재료를 구매하여, 배의 요소요소(냉동고, 냉장고, 의자 밑에도 수납함 있었다)에 쌓아두는 물자 관리 능력은 보통이 아니었다. 조미료와 조리도구 역시 필요하다. 그리고 내가 매일 마시는 맥주도….

저녁에 우리가 지쳐서 마벨호로 돌아오면 훌리오는 맨 먼저 조지가 만들어준 간식을 접시에 담아 나눠준다. 그건 엠파나다(한입 크기 군만두)이거나 감자튀김이거나 파타콘(튀긴 바나나)이었다. 너무 맛있어서 바로 기운이 났다.

그리고 방으로 돌아오면 매일, 깔끔하게 침대가 정돈되어 있었다. 단정하게 갠 시트 위에 역시 단정하게 갠 수건이 놓여 있었다. 이것도 훌리오의 업무였을 텐데 이상한 것은 대체 어느 틈에, 또 어떻게 이런 일들을 할 수 있냐는 것이다.

배의 담수는 한정되어 있다. 하루의 끝에 졸졸 나오는 냉수로 머리를 써가며 몸을 닦는 게 고작이다(평소에 온수를 펑펑 써가며 샤워를 하던 도시인에게 이건 굉장한 고행이었다. 하지만 익숙해진다는 건 위대하다. 이틀째부터는 물도 차갑게 느껴지지 않고, 또 씻는 법도 훨씬 능숙해진다. 펌프식 화장실도, 휴지를 변기에 넣을 수 없는 현실도, 아무리 좁은 침대도, 없으면 없는 대로 살아지는 법이다. 그리고 좀 과장해서 말하자면 이는 자신의 생명을 실감하는 일이기도 하다. 서바이벌 체험은 귀중하다).

그건 그렇고, 이렇게 물이 귀한데, 시트와 샤워 수건을 어떻게 세탁하는 걸까. 다리미도 본 적이 없다. 어딘가에 승객 인원수만큼 예비 시트와 수건을 쌓아뒀던 걸까? 아니면 특수한 세탁 방법이 있는 걸까?

이런 일도 있었다. 소나기를 만났을 때, 훌리오가 모두의 젖은 티셔츠를 모아 바구니에 담더니 소량의 물로 능숙하게 세탁을 한 다음 엔진룸에서 말려준 적이 있다. 되돌아온 티셔츠는 마치 유니클로 선반에서 막 꺼낸 것처럼 깔끔하고 포근하게 개켜져 있었다.

훌리오는 다른 활달한 남아메리카인 승무원에 비해 아직 젊기 때문인지 수줍음을 탔고 말이 없었다. 어딘가 고독한 그늘도 보였다. 그 이유를 나중에 미치 씨에게 들을 수 있었다.

"훌리오는 살라카사의 자손이에요. 살라카사는 남아메리카 안데스 고지대의 인디오족인데, 과거 갈라파고스에 이주해온 이민 집단 중 하나랍니다."

그랬던 것이다. 일본도 그렇다. 메이지 시대, 홋카이도에 온 개척민, 쇼와昭和(히로히토 일왕 시대의 연호, 1926~1989년) 초기에 브라질로 이주한 이민단, 모두 가난으로부터 탈출하기 위해 꿈과 희망을 품고 신천지로 향했다. 그리고 현실의 냉혹함과 자연의 가혹함 앞에서 비틀거리게 된다. 꿈이 깨져 떠난 사람이 있는 반면, 그 자리에서 생활을 개척한 사람들도 있다.

훌리오는 어떤 생각으로 갈라파고스 생활을 하고 있는 걸까. 물도, 자원도, 인프라도, IT도 거의 없는 갈라파고스. 하지만 한편으로 이곳에는 연중 온난한 기후와 드넓은 바다와 자유로운 자연과 평온한 삶이 있다.

평온, 하니 떠오르는 게 있다. 여행 끝 무렵에 도착한 산크리스토발섬에서 마지막 밤을 보냈을 때 항구를 산책했다. 이 인근은 완전히 관광화되어 레스토랑이나 기념품 가게가 즐비했다. 동시에 선창 여기저기에는 바다사자들이 자기네가 주인인 양 뒹굴고 있었다.

이런 와중에 작은 야외무대에서 지역 주민들이 모여 춤을 추고 있었다. 광장에서는 신나게 배구를 하는 무리도 보였다. 갈라파고스에 대해서는 만물박사인 미치 씨가 가르쳐주었다.

"저 사람들은 경찰들이에요. 갈라파고스에도 에콰도르 정부의 경찰서가 있는데 사건이 거의 없어요. 도둑도 없고, 문도 잠그지 않고요. 마지막 소동은 몇 년 전에 있었던 부부싸움이 전부예요. 그래서 경찰관들은 저녁만 되면 모두 배구를 시작한답니다."

미치 씨는 갈라파고스 친구로부터 항구를 조망할 수 있는 피자파이 가게의 2층 물건이 비어 있으니 일본 음식점을 내는 게 어떻겠냐는 권유를 받았다고 한다.

마벨호에서는 승객과 승무원은 완전히 구별되어 있다. 일본인 취재팀은 모두 개인실을 배정받았다. 좁다고는 하나 그럭저럭 프라이버시가 있고, 혼자서 잘 수 있다는 게 얼마나 다행인지. 한편, 선장, 부선장, 요리사 조지, 훌리오 그리고 미치 씨는 모두 조타실과 이어지는 공용실에서 취침을 한다. 그곳은 거의 통로랄까 개방되어 있다시피 한 좁은 공간인데, 양쪽에 2층 침대가 설치되어 있을 뿐이었다. 우리가 아래층에서 쿨쿨 자는 동안, 그들은 주야 교대로 배를 움직이고 온갖 일을 해내고 있었다.

식사 자리에서도 불문율이 있었다. 체크무늬 식탁보를 씌운 다이닝(이 식탁보도 매일 교체되었다. 훌리오의 업무일 것이다)에서 식사를 하는 것은 일본인 취재팀과 선장 뷔코, 가이드 차피, 통역사 미치 씨. 다른 승무원들(요리사 조지와 부선장 구아포, 훌리오)은 언제나 우리와 떨어져서 좁은 부엌에 선 채로 서둘러 식사를 끝내고는 했다.

대신 식사 후 정리가 끝나면 에콰도르인 팀은 선미의 갑판에 앉아 갈라파고스의 밤바다 바람을 맞으며 긴 시간 이야기꽃을 피웠다. 스페인어이므로 물론 나는 알아들을 수가 없다. 그래도 정말 즐거운 분위기인 것만은 느낄 수 있었다. 밤하늘은 매일 별로 가득했다.

3월 7일 17시, 다 같이 적도 통과를 축하한 다음, 나는 또 장대한 노을을 보았다. 이사벨라섬의 해마 머리 모양 부분 저 너머로는 이제 태평양에 섬은 없다. 오로지 수평선만이 끝없이 펼쳐져 있을 뿐. 아니, (북쪽을 시계의 12시라고 하면) 11시 정도 방향에 희미하게 뭔가가 보인다. 배일 것이다. 아니, 저건, 로카 레돈다Roca Redonda라는 암초다. 주위 바다는 칼로 벤 듯 깊어서 다이빙 장소로 유명하다고 한다.

점점 태양이 가라앉고 있다. 그 모습을 보고 있으면 지구가 어느 정도의 속도로 돌고 있는지 실감할 수 있다. 순식간에 태양의 절반이 수평선 너머로 숨었다. 이렇게 아무런 방해물도 없고, 공기도 맑으면 녹색섬광이 보일지도 모른다. 내심 기대가 되었다. 녹색섬광이란 태양이 가라앉는 마지막 순간, 녹색의 섬광을 발하는 희귀한 현상이다. 태양 광선 성분 가운데, 저녁해의 적색 부근에 있는 녹색 파장의 빛이 대기의 프리즘 작용으로 분리됨으로써 발생한다. 적색과 녹색은 정반대의 색처럼 보이지만 사실은 아주 비슷한 색인 것이다. 파장의 차이는 아주 적다. 그래서 어떤 종류의 색각이상인 사람은 이를 잘 구별하지 못한다. 혈액의 적색과 나뭇잎의 녹색도 가까운 색이다. 적혈구에 함유된 적색 색소 헴과 엽록체의 녹색 색소 클로로필은 복잡한 화학구조를 가지고 있지만 골격은 똑같다. 다만, 중심에 포함된

금속이 철이온인지 마그네슘 이온인지의 차이가 있을 뿐이다.

이런 생각을 하고 있는 동안에도 태양은 성큼성큼 가라앉아, 이제 아주 작은 한 방울만 남았다. 나는 기도하는 심정으로 마지막 빛을 바라보았다. 유감스럽게도 빛은 녹색으로 변하지 않고 그대로 하늘과 바다 사이로 사라졌다. 녹색섬광을 보면 행운이 온다는데….

전날 우르비나만에서 차피 씨의 허가를 얻어 채집한 해안의 모래를 현미경으로 관찰해보았다. 동글동글해진 질돌(규산염 광물. 화성암의 주성분으로 흰색, 갈색, 회색 따위의 색을 띠며 유리 광택이 난다.─옮긴이)과 현무암 알갱이, 조개껍데기 파편, 기타 내 지식으로는 이름을 알 수 없는 광물들이 반짝반짝 빛났다. 화산에서 분출되어 수십만 년에 걸쳐 부서지고, 깎이고, 해안으로 밀려온 갈라파고스의 모래알. 사진 작가 아베 씨에게 촬영을 부탁한 뒤, 차피 씨의 입회하에 모래를 바다로 돌려보냈다. 그들은 또 앞으로 수만 년에 걸쳐 어느 모래사장에 닿을까.

마벨호는 하룻밤 걸려, 이사벨라섬의 북단을 돌아 산티아고섬으로 향한다. 거리는 대략 150킬로미터. 배는 뷔코 선장, 구아포 부선장, 조수 훌리오가 교대로 조종하고 있다. 덕분에 우리는 쉬기로 한다. 마벨호는 어느새 다시 한번 적도를, 이번에는 북쪽에서 남쪽으로 통과했고, 우리는 남반구로 돌아갔다. 새벽녘 하늘에는 보름달에 가까운 달이 빛나고, 그 달빛에 질세라 오리온자리와 북두칠성이 빛나고 있었다.

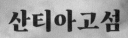

산티아고섬

산티아고섬
ISLA SANTIAGO

동적평형 바위

적도를 넘은 마벨호는 해마 모양을 한 이사벨라섬의 머리 부분 오른쪽 방향으로 선회하여 다음 기항지인 산티아고섬으로 향했다. 다윈이 탔던 비글호와 거의 같은 항로다.

다윈은 비글호가 산티아고(제임스)섬에 기항하자 이 섬에 내려 한동안 텐트로 육상 생활을 했다. 그는 이 항해 중에 줄곧 뱃멀미에 시달렸고, 컨디션도 좋지 않은 날이 많았다. 그래서 조금이라도 육지가 있으면 짧게라도 체류하고 싶었던 듯하다. 그동안 비글호는 해역 측량과 물과 장작을 찾기 위해 주변 바다를 항해했다.

10월 8일, 우리는 제임스섬에 도착했다. (중략) 바이노 씨, 나, 그리고 내 하인이 식량과 텐트를 배급받아 일주일 동안 이곳에 잔류했다. 그동안 비글호는 마실 물을 찾았다. (중략) 다른 섬에서도 그랬지만 저지대는 거의 전면적으로 이파리가 없는 관목으로 덮여 있다. 하지만 이곳의 수목은 어디보다도 크게 자라 있었다. 지름이 2피트, 아니, 2피트 9인치나 되는 나무가 있었다. 구름이 있어 습기가 유지되는 고지대는 풍성한 녹색으로 식물이 우거져 있었다.

_《비글호 항해기》

아직 밤이 다 지나기 전에 마벨호는 산티아고섬 북서해안 칼레타 부카네로(영어로 버크니어 코브)에 도착했다. 스페인어 칼레타caleta는 만(코브cove), 부카네로bucanero는 해적(버크니어buccaneer)을 뜻한다. 다윈이 비글호를 타고 방문했을 당시 갈라파고스 제도의 주요 섬들은 이미 영어식 이름으로 명명되어 있었는데 에콰도르가 영유권을 확립한 후 지명을 스페인어화하는 움직임이 일었다. 섬에는 성인 이름, 길이나 해협에는 사람 이름을 붙였다.

산티아고섬의 영어 이름은 제임스섬이고, 다윈은 그렇게 불렀다. 왜인지 모르겠으나 산티아고섬에는 산크리스토발섬이라는 별명까지 있다. 이사벨라섬은 알베마를레섬, 페르난디나섬은 나보로섬이다. 이 책에서는 기본적으로 지금, 현지인들이 사용하는 스페인어 이름으로 표기했다(책머리의 항해도 참조).

볼리바르해협의 '볼리바르'는 19세기 초, 남아메리카 제국의 스페인 독립 전쟁을 주도한 군인의 이름이다. 시몬 볼리바르Simon Bolivar

는 콜롬비아, 에콰도르, 페루 등을 규합한 대大남아메리카연합국 건국을 모색했으나 군웅할거를 통합하지 못하고 실의에 빠져 있던 중 사망했다. 처음에 들렀던 수원이 있는 섬, 플로레아나(찰스)섬은 에콰도르 초대 대통령 플로레스 장군의 이름에서 따왔다. 이때 에콰도르의 영유를 대통령에게 진언한 무역상 비야밀의 이름은 이사벨라섬 남부의 항구 마을, 푸에르토 비야밀로 남아 있다.

날이 밝고, 바다가 파랗게 빛나기 시작했기에 우리는 고무보트를 타고 칼레타 부카네로 해안의 바위 밭을 관찰하기 위해 출발했다. 작은 곶을 도니 바다가 열리고 그 앞 해상에 멋진 바위산이 우뚝 솟아 있었다. 그건 마치 거대한 손을 가진 바다의 큰 신이 온힘을 다해 난폭하게 바위를 쌓아 올린 듯한, 그런 압도적인 힘을 뿜으며 육중하게 서 있는 것 같았다. 바위 표면은 새까맣지만 상반신은 눈이 내린 것처럼 새하얗다. 이곳을 거처로 삼은 새들의 소행이다. 겹겹이 쌓인 새들의 하얀 똥은 바위 위에 독특한 문양을 그려냈다. 마치 괴수가 허공을 향해 포효하고 있는 듯하다.

이 균형 잡힌 바위의 형태에 나는 바로 매료되었다. 그건 마치 정십이면체나 정이십면체를 보고 아름답다고 느끼는 감각과 비슷하다. 기하학적인 질서에 대한 사랑이라 해도 좋을지 모르겠다.

보트를 좀 더 가까이 댔다. 크기가 얼마나 될까? 바위산 토대의 지름은 20미터, 높이는 15미터 정도나 될까? 가까이 갈수록 바위의 온갖 균열이라는 균열, 구멍이라는 구멍에는 무수한 바닷새들이 만든 저마다의 진지가 눈에 들어왔다. 서로 견제하고 있음을 알 수 있다. 하늘을 날고 있는 것은 부비새, 앨버트로스, 갈매기와 같은 바닷새들이다.

이곳은 사람이 접근할 수 없는, 새의 낙원이 되었다. 기하학적인 질서 위에 갈라파고스의 생명권이 자유자재로 얽혀 있다. 이 역동성에 나는 완전히 매료되고 말았다. 보트에서 바위 주변을 돌면서 서둘러 스케치북을 꺼내 바위를 스케치해보았다. 사진을 찍는 것만으로는 바위의 역동성에 다가갈 수 없을 것 같은 느낌이 들었다. 바위의 표면이 주장하는 기복과 균열을 직접 만져볼 수는 없어도 적어도 연필로라도 만져보지 않고서는 이 바위가 갖는 생명의 힘을 느낄 수 없을 것 같았다.

네이처 가이드인 차피 씨에게 바위의 이름을 물어보았지만 '여기는 칼레타 부카네로예요'라고만 할 뿐이었다. 모든 바위에 이름이 있지는 않은 것이다. 그렇다면 내 맘대로 이름을 붙여주자, 이 바위는 갈라파고스 생명의 자유자재로움을 상징하는 '동적평형 바위'다.

오후에는 칼레타 부카네로에서 조금 남쪽으로 내려온 제임스만에서 섬으로 상륙했다. 웨트 랜딩이었는데 이제 충분히 익숙해졌다. 보트의 움직임과 밀물이 들고 나는 때를 잘 지켜보다가 해변으로 폴짝 뛰어내린다.

'동적평형 바위'라고 (마음대로) 이름 붙인 바위.

이 부근은 약간 넓게 트인 장소였는데 콘크리트로 된 기초나 토대 흔적이 남아 있다. 20세기 초, 여기서 제염업이 시도되었을 당시의 건축 잔존물이다. 바다 가까운 곳, 적도 바로 아래, 강우량도 극도로 적은 갈라파고스는 햇볕에 건조하는 제염에 적합한 곳이었으나 문제는 수송이었다. 여기서 만들어진 소금은 본토로 운반하지 않으면 상품이 되지 못한다. 처음에 제조업은 정부 사업으로서 개시되어 보호를 받았는데, 제염이 민영화되자 결국 갈라파고스 소금은 경쟁력을 잃고 제염공장은 방치되었다.

며칠 동안 산티아고섬에 머물던 다윈이 있는 곳으로 비글호가 돌아왔다. 결국 비글호는 이전에 들렀던, 수원지가 있는 플로레아나섬, 산크리스토발섬으로 뱃머리를 돌리는 것 외에 물을 손에 넣을 방법이 없었다. 산티아고섬에서 다윈을 태운 비글호는 갈라파고스를 뒤로하고 다음 목적지인 타히티로 향하기 위해 태평양을 서쪽에 두고 항해를 시작했다. 이로써 다윈의 갈라파고스 제도 탐사 여행은 끝났다. 훗날 진화론으로 과학사에 위대한 이름을 남기게 되는 다윈도 다시 갈라파고스를 방문하지는 않았다.

플로레아나섬-이사벨라섬-볼리바르해협(에서 페르난디나섬을 관찰)-산티아고섬을 돌았던 다윈의 여행을, 나도 그대로 좇을 수 있었다. 유일하게 다윈의 여로와 다른 것은 다윈이 플로레아나섬 전에 처음에 기항한 것이 산크리스토발섬이었다는 점, 그리고 우리는 다윈이 들르지 않았던 산타크루스섬을 기점으로 여행을 시작했다는 점, 또 산타크루스섬으로 돌아온 다음 산크리스토발섬으로 갔다는 점이다. 이 부분에서 마벨호는 다윈의 비글호와 반대 코스를 이용했다. 이는 오로지 다윈의 해양 항로 시대와 현대의 항공로 교차망 사정에 의한 차이다. 갈라파고스 제도와 에콰도르 본토를 잇는 항공로의 거점이 산타크루스섬과 산크리스토발섬에 만들어진 덕에 지금은 이 두 섬이 갈라파고스에서 인구가 가장 많고 도시화되었다. 산타크루스섬에는 다윈연구소가 있고, 산크리스토발섬에는 다윈의 공적과 갈라파고스의 자연을 전시한 관광정보센터가 설립되어 있다.

시설적인 면으로 보자면 상당히 충실하지만, 산크리스토발섬의 거리는 이미 꽤 관광화되고 말았다. 우리는 처음부터 그곳에 가서 갈라파고스 전체에 대해 예단하게 되는 상황을 피하고자 아직 다윈 시대의 모습이 깃들어 있는 플로레아나섬 그리고 완전히 미개의 땅인 이사벨라섬 서쪽 해안에서 볼리바르해협을 지나는 '다윈 항로'를 선택했다. 지금 생각하면 현명한 선택이었다. 처음부터 산크리스토발섬의 관광정보센터에 가서 예비지식을 얻어버리면 이 여행은 달라졌을 것이기 때문이다. 직접 갈라파고스를 접할 수 있었다는 감격, 날것의 피시스를 체험하는 놀라움이 반감했을지도 모른다.

미치　바위 위에 잔뜩 있는 건 나스카부비새예요. '휴─ 휴─' 하고 우는 게
　　　　수컷, '과─ 과─' 하는 게 암컷이죠. 새끼랑 엄마 새, 아빠 새도
　　　　있네요. 나스카부비새는 꽤 멀리까지 먹이를 구하러 갑니다. 페루는
　　　　세계적으로 유명한 어분魚粉(생선을 말려서 빻은 가루─옮긴이)
　　　　생산지인데 거기서 멸치 같은 걸 구하기 때문에 갈라파고스에는
　　　　오지 않아요. 그래서 부비새 수도 줄고 있고요. 갈라파고스는
　　　　본토에서 약 1,000킬로미터나 떨어져 있지만 본토의 영향을
　　　　상당히 많이 받습니다. 부비새 연구자들은 이 점도 문제라고

얘기해요.

후쿠오카   인간의 산업활동이 연쇄적으로 새에도 영향을 미치고 있다는
뜻이군요. 간접적으로 자연에 영향을 미치고 있네요. (바위의
단층을 보면서) 그건 그렇고 대단한 암벽이에요. 분화할 때마다
퇴적된 거로군요.

미치   이건 아주 재미있는 광경이군요. (사진 앞쪽의) 등 가시가 높은 게

        수컷 바다이구아나이고 그 옆에는 암컷 육지이구아나예요.

        어쩌면 무슨 일이 일어날지도 모르겠네요.

        하이브리드이구아나(2000년대 후반, 수컷 바다이구아나와 암컷

        육지이구아나 사이에서 태어난 번식 능력이 없는 잡종)가 태어나는

        사우스플라자섬South Plaza Island과 같은 상태네요. 저도 이런

        조합은 그 섬에서밖에 못 봤거든요.

차피   더 재미있는 건 사우스플라자섬의 육지이구아나 수컷은 여러

마리의 암컷을 거느리는데 여기서는 그런 모습이 발견되지 않는다는 점입니다. 바다이구아나(수컷)가 암컷을 노리고 있는 것 같아 보여요. 지금이 번식기니까 계속 기다리고 있으면 정말 무슨 일이 일어날 가능성이 있어요. 그건 그렇고 육지이구아나가 압도적으로 더 크네요. 산티아고섬의 이구아나는 다른 섬의 것들보다 더 작다고들 합니다.

갈라파고스 생물들의 호기심

섬의 숲에 난 좁은 오솔길을 걸어가는데 갑자기 앞쪽에서 두 마리의 커다란 땅거북이 다가왔다. 우리의 존재를 알아차렸을 텐데 전혀 동요 없이, 그대로 한 발 한 발 걸어온다. 가까워질수록 녀석들의 숨소리가 귓전에서 들리는 듯했다. 바로 옆까지 오자 약간 주저했는지 순간 걸음을 멈췄지만 우리가 길가로 물러나 길을 양보하자 아무 일도 없었다는 듯이 앞을 향해 걸음을 이어나갔다.

또 이사벨라섬 우르비나만에서는 오솔길 수풀에서 커다란 육지이구아나를 발견했다. 손을 뻗으면 닿을 만한 거리였다. 바로 가까이에 조금 더 작은 육지이구아나도 있다. 암컷과 수컷이다. 둘 다 얌전히 있다. 사랑을 나눌 타이밍을 가늠하고 있는 것이다. 우리는 숨을 죽이고 녀석들을 지켜보았다. 이구아나들이 우리의 존재를 눈치채지 못했을 리가 없다. 조용히 지켜보고 있지만 때때로 대화를 하거나 촬영을 하기 위해 움직이기 때문이다. 하지만 녀석들은 자리를 뜨려고 하지 않았다. 이래저래 20분은 관찰만 한 것 같다. 결국 아무런 행동도 없었고 사랑은 이루어지지 않았다. 하지만 녀석들이 우리의 존재를 무서워하는 듯한 낌새도 전혀 없었다.

바다사자도 그랬다. 해안 언저리의 움푹 들어간 바위에 누워 낮잠을 자는 어미와 새끼 바다사자는 우리가 아주 가까이 다가가도 미동도 하지 않았다. 그저 파도 소리를 베개 삼아 잠에 취해 있을 뿐이었다.

이 정도로 갈라파고스의 생물들은 사람을 전혀 무서워하지 않는다. 도망치지도 않고, 숨지도 않는다. 그들에게 우리 인간은 투명한 존재인 것처럼 전혀 개의치 않는 것이다.

야생 생물이 인간을 무서워하지 않는 것은 정말 신기한 일이다. 일본에서는 야생동물을 우연히 만날 일도 거의 없지만, 만약 산에서 족제비나 너구리 같은 작은 동물이 길을 건너는 모습을 우연히 보게 된다 해도 녀석들은 쏜살같이 풀숲으로 자취를 감춘다. 길에 있으면 참새나 비둘기, 까마귀 같은 새를 가까이에서 보는 경우가 많은데, 새들은 먹이만 노릴 뿐 절대 일정 선 이상 다가오지 않고 안전거리를 유지한다. 그런데 만약 야생조류라면 한참 멀리 떨어져 있어도 사람의 발소리를 느끼자마자 더 멀리 날아가 버린다. 갈라파고스에서는 이런 일이 전혀 없다. 어떤 생물도 손을 뻗으면 닿을 만큼 가까이 다가가도 도망치려 하지 않는다. 손으로 잡을 수 있을 정도다.

다윈도 무엇보다 이 사실이 놀라웠는지 이렇게 묘사하고 있다.

어느 날, 내가 누워 있는데 북부흉내지빠귀 한 마리가 날아와 땅거북 등딱지로 만든 물동이 가장자리에 앉아 무척이나 얌전하게 물을 마시기 시작했다. 새는 땅거북의 등딱지 가장자리에 앉은 채로 있었다. 나는 이 새의 다리를 잡으려고 몇 번이나 손을 뻗었다. 조금만 더 뻗으면 성공할 수 있을 것 같았다. 옛날에는 새들이 사람을 무서워하지 않았을 것이다.

_《비글호 항해기》

대체 왜일까? 갈라파고스의 생물들은 인간 세계와 동떨어져 있어 인간에 대해 잘 모르고 인간이 얼마나 무서운지 모르기 때문이라는 하나의 가설이 있다. 다윈도 처음에는 그렇게 생각했다. 예를 들면 갈라파고스섬에 오기 전에 들렀던 남아메리카 대륙 끝의 티에라델푸에고섬에서는 새들이 인간을 경계했다. 티에라델푸에고섬에는 원주민이 있는데 그들이 새들에게 위협을 가해왔는지도 모른다.

하지만 그는 바로 이 가설을 부정한다. 아무리 절해의 고도라 해도 과거 수백 년 이상에 걸쳐 (갈라파고스가 베를랑가 신부에 의해 발견된 것이 1535년, 다윈이 섬에 착륙한 것이 1835년이다) 몇 번이나 인간의 침입이 있었고 땅거북들은 쉽게 포획되어 잇따라 식량이 되었다. 새들 역시 핍박을 받아왔을 것이다. 그러므로 그들이 인간의 학대를 전혀 모를 리 없는 것이다.

어쩌면 갈라파고스의 생물에게는 인간의 위협이라는 것이 학습되어 있지 않은 것 같다. 혹은 개개의 생물이 인간의 공포를 경험했다 해도 그것이 세대를 넘어 전승되기 위해서는 (즉 유전적으로 고정되기 위해서는) 막대한 시간이 걸리는 것 같다. 한편, 다윈의 나라, 영국은 새들의 경우 병아리도 인간을 무서워한다. 이것은 분명 학습이 아니고, 본능적으로 인간의 공포를 알고 있다는 얘기다. 여러 측면

계속 걷는 갈라파고스땅거북
(이사벨라섬, 우르비나만)

에서 고찰한 결과, 다윈은 다음과 같은 결론을 내렸다.

1. 새가 사람을 무서워하는 것은 본능이다(그러므로 본능적
   으로 무서워하지 않는 새도 있을 수 있다). 이 본능은 인간
   에 대한 조심성을 학습에 의해 몸에 익히는 것, 이것이 세대
   를 넘어 전달되는 것과는 별개의 문제다.
2. 한 마리 한 마리가 박해를 받아도 그 공포심이 축적되어 유
   전적 성질이 되는 일은 거의 없다. 즉, 야생동물에게 있어
   후에 획득된 지식이 자손에게 유전되는 일은 거의 없다.
3. 결국 새가 인간을 무서워하는 것도 무서워하지 않는 것도,
   선천적인 유전적 습성이라고밖에 설명할 수 없다.

                          _《비글호 항해기》의 기술을 저자가 요약함.

위의 결론은 유전자의 본체가 DNA인 것도, 어떤 형질이 유전적
으로 전달되기 위해서는 DNA에 변화가 일어나야 한다는 것(돌연변
이)도, 아직 알려지지 않았을 때 내린 것이다. 약관 30세의 다윈이
이 정도로 정확하게 유전형질(본능적 형질)과 획득형질(개체가 학습에
의해 얻은 형질로 그 한 대에 국한되는 형질)에 대해 명석하게 구별하여
생각한 것은 엄청난 혜안이며 이것이 훗날, 그의 진화론적 고찰로
이어지는 맹아라 볼 수 있다. 어떤 개체가 노력하여 몸에 익힌 형질
도(예를 들면 피아노 기교나 보디빌딩 같은 특성), 혹은 학습에 의해 뭔가

에 공포심을 갖는 것도 다음 세대에는 유전되지 않는다. 개체가 학습이나 연습으로 몸에 익힌 성질(획득형질)은 어디까지나 그 신체 내의 시스템을 강화하는 것이므로 이것이 유전자(특히 정자나 난자)에 변화를 미치는 일은 없다. 그러므로 유전되지 않는다. 이것이 획득형질은 '유전되지 않는다'는 현대 진화론(다윈주의)의 대원칙이 되었다.

결국 다윈은 갈라파고스의 새들(생물들)이 사람을 무서워하지 않는 것은 오랜 기간 사람의 잔학성을 모르고 살아서가 아니라 **우연히** 인간을 무서워하는 본능을 가지고 있지 않기 때문이라는 것이다. 하지만 인간을 무서워하는 것(혹은 천적을 무서워하는 것)은 정말로 본능 즉 획득형질이 아닌 유전형질일까.

인간을 무서워하려면 인간을 다른 생물과 식별하고, 인간의 존재나 접근을 느끼고, 인간으로부터 숨거나 피하고, 경우에 따라서는 위협도 하는 행동으로 이어질 필요가 있다. 그러려면 인식이나 판단, 선택과 실제 반응이 임기응변적으로 필요하다. 이런 복잡한 행동양식은 단일 혹은 소수의 특별한 유전자 작용만으로는 도저히 설명되지 않는다. 즉 '인간을 무서워하는 유전자'라는 것을 상정하는 일은 무의미하고, 그 유무만으로 인간을 무서워하는지 아닌지를 설명하는 것도 무의미하다. 첫째, 1억 년 이상 전부터 존재했던 새들의 유전자에 아주 최근에서야 새들을 포획하기 시작한 인간에 대한 공포가 어떻게 새겨질 수 있단 말인가. 인간을 무서워하지 않는 갈라파고스 생물들의 신기한 행동양식은 좀 더 다면적인 고찰이 필요하다고 생각한다(또한 다윈은 이렇게 기술하고 있다).

> 한편, 우리가 사육하고 있는 동물은 비교적 쉽게 새로운 지식을 익힌다. 그리고 그 본능이 유전되는 것은 익숙한 현상이다.
>
> _《비글호 항해기》

나는 이번 갈라파고스 여행에서 이 땅의 생물에게는 단지 본능에 따른 행동 이상의 것이 있다는 강한 인상을 받았다. 갈라파고스의 생물들은 인간을 무서워하지 않는 것만이 아니다. 인간에게 흥미가 있다. 호기심이 있다고 해도 좋다. 이는 **우연**이 아니다. 갈라파고스라는 환경이, 갈라파고스의 생물로 하여금 그렇게 하도록 만들고 있는 게 아닐까.

한번은 이런 일이 있었다. 산티아고섬의 관목로를 걷고 있을 때였다. 갈라파고스플라이캐처가 바로 옆 나무에서 지저귀고 있었다. 사진작가 아베 씨가 사진을 찍으려 긴 망원렌즈에 통 모양의 렌즈후드를 끼우고 카메라를 삼각대에 고정했다. 자, 무슨 일이 일어났을까? 갈라파고스플라이캐처가 일부러 날아와서는 그 크고 검은 통 안에 앉은 것이다. 그것도 한 번이 아니다. 나뭇가지로 날아갔다가 다시 돌아오기를 여러 번. 렌즈 안을 들여다보는 것처럼 통 안으로 들어가려 정지비행을 하더니 진짜 안으로 들어갔다. 뿐만 아니라 같

렌즈 후드 안으로 날아든 갈라파고스플라이캐처

(산티아고섬, 푸에르토 에가스)

오리발을 물어뜯는 갈라파고스바다사자
(이사벨라섬, 푼타 모레노)

이 있던 좀 더 작은 짝꿍 갈라파고스플라이캐처도 따라 들어가서는 통 안에서 오시쿠라만주(추운 겨울에 따뜻해지려고 여러 명이 등과 어깨를 밀치며 노는 어린이 놀이-옮긴이)라도 하듯 엉켰다. 이 신기한 형태의 통이 새로운 둥지를 트는 데 적합한지 마치 실험이라도 하려는 것처럼 말이다.

이 광경을 보고 모두 내심 놀랐다. 어떻게 이렇게 사람한테 친근하게 굴까? 세계 각지의 밀림에서 야생 생물을 촬영하는 아베 씨도 '이런 일은 처음'이라며 웃었다. 새들은 한바탕 카메라 주위를 빙빙 돌더니, 근처 나뭇가지로 옮겨갔지만 여전히 우리 쪽을 쳐다보고 있었다.

가이드 역할을 하는 미치 씨와 차피 씨는 이것이 영역에 대한 시위 행동일지도 모른다고 한다. 하지만 나는 직감적으로 그렇지 않다고 생각했다. 새들의 소리와 행동에는 위협을 호소하는 그 무엇도 없었고, 커플인 암컷 새도 마찬가지로 행동하고 있었다. 왠지 기뻐하는 듯했다. 나는 이것이 새들의 '놀이'로밖에 보이지 않았다. 새들은 호기심에 이끌려 스스로 날아온 것이다.

또 다른 어느 날. 우리는 이사벨라섬, 푼타 모레노 부근의 바위 밭 근처 바다에서 스노클링을 즐기고 있었다. 적도의 태양이 머리 위에서 쨍하게 내리쬐고, 바다는 온통 빛나는 푸른 빛이었다. 우리 보트 외에 주변에는 아무도 없었다.

한참 바닷속을 들여다보고 있는데 어딘가에서 바다사자가 다가

왔다. 다가왔을 뿐만 아니라, 수중카메라를 향해 돌진해왔다. 어, 부딪힌다 싶은 순간, 바다사자는 화려하게 몸을 비틀어 각도를 바꾸더니 유유히 사라졌다. 그런데 잠시 후, 다시 우리한테 온 것이다. 눈앞에서 빙글빙글 회전하면서 헤엄을 치거나 뒤쪽에서 다가왔다. 인간은 이런 그들의 자유자재한 수영 솜씨를 도저히 흉내조차 낼 수 없다.

녀석들은 이를 알고, 꼴사납게 헤엄치고 있는 우리와 함께 놀고 싶어 하는 걸로밖에 보이지 않았다. 오리발을 신고 헤엄치던 미치 씨는 녀석들에게 뒤에서 오리발을 물리고 말았다. 하지만 물론 공격적인 것은 아니었다. 장난처럼 살짝 물었을 뿐이다. 어쩌면 나는 갈라파고스의 생물들을 지나치게 의인화하고 있는지도 모른다. 하지만 같은 생물로서 갈라파고스에 머무는 동안, 줄곧 녀석들이 보내는 친애의 정과 호기심을 느꼈다. 녀석들은 주체적으로 선택하여 그렇게 행동했다. 오해임을 알고도 굳이 말하자면, 나는 그곳에 있는 내내 그들의 자유로운 의사를 느꼈다.

나중에 여러 사람에게 여러 '설'을 들었다. 바닷새가 배와 나란히 비행을 하는 것은 먹이가 목적이라든가, 바람을 피해 편히 날기 위함이라든가. 분명히 그럴지도 모른다. 하지만 그 군함조는 그런 '목적' 때문에 우리 배 위를 함께 난 것은 아닌 것 같다는 확신이 있다. 마벨호는 어선이 아니라서 먹이로 동물들은 길들이는 것이 아니었다(갈라파고스에서 야생동물에게 먹이를 주는 행위가 금지되어 있다). 또한 줄곧 우리 배에 동행한 것은 단 한 마리의 군함조이고, 그 새는 바람을 피했다기보다는 배를 인도하는 것처럼 배 앞쪽에서 날았다. 그리고 군함조가 배와 나란히 날아준 것은 이번 갈라파고스 항해 중 적도를 통과했던 그 순간이 유일무이했다. 새는 자진해서 나와 함께 날아준 것이다. 새는 오로지 나와 함께 있고 싶었던 것이다. 나는 '목적론'적으로 생물의 행동을 설명하는 것이 점점 싫어졌다.

갈라파고스의 생물들이 인간을 무서워하지 않는 이유는 뭘까? 오히려 인간에게 흥미를 보이는 행동을 하는 것은 왜일까? 그 이유를 이렇게 생각해 볼 수 있을까? 갈라파고스의 생물들에게는 '여유'가 있고 그들은 '놀이'를 알고 있기 때문이다라고. 그렇다면 그 여유는 어디서 오는 걸까?

갈라파고스의 탄생과정을 떠올려보자. 갈라파고스는 해저화산의 폭발로 태평양에 갑자기 나타난 신천지였다. 그곳에 도달할 수 있었던 것은 극히 소수의 선택된 생물뿐이었다. 대륙에서 바다로 1,000킬로미터나 떨어진 이 용암 천지인 곳에 도달해 생존할 수 있었던 것은 한 줌의 운 좋은 생물뿐이었다. 열과 건조에 강하고 식물성이며, 그것도 극히 한정된 빈약한 먹이에도 견딜 수 있고, 물도 조금밖에 필요로 하지 않는 생물 말이다. 하지만 한편, 일단 생존이 확보되기만 하면 그들 주변의 생태적 지위는 텅 비어 있었다.

구대륙 혹은 구대륙에 가까운 도서에서 생태계의 생태적 지위는

마벨호 옆에서, 기분 좋은 듯 헤엄치는 갈라파고스바다사자
(이사벨라섬 남부 해상)

마벨호 위에서 나란히 비행하는 군함조
(이사벨라섬 북부 해상)

거의 만석이다. 좁은 공간에 다수의 생물이 서로 밀치락달치락하며 어떻게든 생존을 유지하고 있다. 서로 활동 시간을 분배하고, 고도를 분배하고, 각자 먹이를 한정함으로써 좁은 생태적 지위를 나누고 있다. 이렇게 해도 생태적 지위가 경합할 때는 스스로 먹고 먹히는 관계가 되기도 하지만, 이 또한 마찬가지로 생태적 지위 공존을 위한 하나의 방법이다. 먹고 먹히는 것은 일방적인 우위 혹은 열위의 약육강식 관계가 아니다. 오히려 서로 타자를 규제하고, 타자를 지원하며, 결과적으로 전체의 바이오매스를 증가시키기 위한 공존 방법이다.

이에 반해 갈라파고스의 생태적 지위는 헐렁헐렁하다. 각자 여기로 흘러들어온 생물은 자신의 진지를 구축했지만 그것은 각기 다른 영역에서 자기들끼리 생활하기에 서로 경쟁할 일이 거의 없다. 갈라파고스땅거북은 육지이구아나의 위협이 되지 못하고, 육지이구아나와 바다이구아나는 먹이도 생존 구역도 다르다. 개체 수는 각자 충분해졌고, 각자의 생태적 지위에서 분산적으로 임의의 무리를 형성하고 있으므로 교배를 위한 투쟁도 거의 필요치 않다. 각각의 생물은 자신의 생존에 자유와 여유를 향유하고 있는 것이다.

생태적 지위는 개체가 스스로 생존을 찾는 장소임과 동시에 번식을 위한 공간이라고도 할 수 있다. 생태적 지위가 제한되면 될수록 이성을 찾기 위한 경쟁과 투쟁이 심해질 수밖에 없다. 영역도 필요해진다. 경쟁과 투쟁에서 이긴 쪽이 차세대를 남기게 되므로 생태적 지위가 한정된 세계에서 생존하는 생물은 저절로 경쟁자의 존재를 재빨리 알아차려, 온갖 위험으로부터 몸을 피하고 가능한 한 재빨리, 영리하게 행동하여 짝짓기에 성공하는 개체가 선발된다. 경쟁, 투쟁 그리고 교배가 최우선되는 생태적 지위 세계에서는 모험, 호기심과 같이 생산으로 직결되지 않는 행동, 즉 '여유'는 불필요한 것, 아니 그 이상으로 불리한 것이 된다. 구세계에서 일어나고 있는 일들은 바로 이런 것이다. 이런 집단 속에서 자란 개체의 행동은 비록 그것이 유전자적으로 DNA에 고정된 형질이 아니더라도 집단 내의 문화적 습성으로 차세대로 전승될 것이다(그러므로, 언뜻 '본능'으로 간주되는 행동양식도 사실은 유전자의 외측에서 전달되는 문화적 행동양식일 가능성이 크다. 이에 대해서는 논의할 기회가 또 있을 것이다).

그런데 갈라파고스는 생물에게 구세계와는 전혀 다른 환경을 제시했다. 그리고 신세계라 할 수 있는 갈라파고스에 출현한 **텅 빈** 생태적 지위에서는 생물이 본래 지니고 있는 다른 측면이 아무런 구김 없이 모습을 드러낼 수 있었다. 이것이 갈라파고스의 생물들이 보여주는 일종의 여유, 놀이의 원천이 아닐까. 생명은 본질적으로 자유롭다. 생명은 자발적으로 이타적이다. 생명체는 같은 기원을 갖는 타 생명체와 언제나 어떤 형태로든 상호작용하기를 원한다. 서로 도움을 주고 싶어하며, 상보적인 공존을 지향한다. 갈라파고스플라이캐처가 접근한 것도, 바다사자가 돌진한 것도, 군함조가 나란히 비행한 것도, 모두 주체적인 여유에 기반한 행동인 것이다. 거기에는 공존이나 생식을 위한 목적은 없고, 오로지 호기심과 흥미, 놀이가 있을 뿐이다. 나는 순수하게 그렇게 느꼈다.

갈라파고스는 내게 이런 생명의 진정한 모습을 다시 한번 떠올리게 해준 장소가 되었다. 갈라파고스는 진화의 막다른 길이 아니다. 갈라파고스는 모든 의미에서 진화의 최전선이고, 생명 본래의 행동을 보여주는 극장이기도 한 것이다.

갈라파고스에서 만난 생물들

갈라파고스땅거북Galapagos Giant Tortoise

세계 최대의 땅거북으로 몸길이는 1~1.5미터, 몸무게는 최대 250킬로그램이 넘는다.
선인장 외에 풀이나 나무 열매 등을 주로 먹는다. 서식지에 따라 등딱지의 형태나 모양
이 다르다. 습기가 많은 고지대에 사는 둥근 '돔형'과, 건조한 곳에 사는, 앞부분이 들뜬
'안장형', 그 중간인 '중간형'으로 나뉜다.

풀이 풍부한 곳에 서식하는 돔형 땅거북과 황금솔새Yellow Warble.

풀이 빈약한 건조한 지역에는 높은 곳까지 목을
치켜세울 수 있는 안장형 땅거북이 서식한다.

갈라파고스바다이구아나Galapagos Marine Iguana

전 세계에서 유일하게 바다에서 헤엄을 치는 이구아나. 총 길이 75~130센티미터로, 서식하는 섬에 따라 크기에 차이가 있다. 납작하고 긴 꼬리를 좌우로 흔들며 바다로 헤엄쳐 들어가면 길고 날카로운 발톱으로 바위에 딱 달라붙어 해조류를 뜯어먹는다. 몸은 햇빛을 흡수하기 쉽도록 검정, 회색과 같은 색을 띠고 있다.

집단 생활을 한다. 태양 쪽을 향해 미동 없이 몸을 데운다. 안쪽은 갈라파고스 붉은게.

번식기의 수컷은 선명한 빨강, 적록색이 된다.

갈라파고스바다이구아나보다 꼬리가 짧고, 등에 난 가시 모양의 볏과 콧구멍
이 작다. 굴을 파기 때문에 발톱이 튼튼하다.

갈라파고스육지이구아나Galapagos Land Iguana

몸길이는 약 1미터, 몸 색은 검정색에서 황토색. 수명이 60~70년으로 길
다. 부채선인장을 좋아하지만 높은 곳에는 올라가지 못하므로 선인장 밑
동이나 근처에서 열매와 줄기, 꽃이 떨어지기를 기다린다.

인간이 다가가도 무서워하지 않고, 거의 움직이지 않는다.

총 7종. 주로 곤충을 먹는데 섬에 따라 꽃 따위도 먹는다.

용암도마뱀Lava Lizard

몸길이 10~30센티미터, 서식하는 섬에 따라 크기와 몸 색이 다르다. 영역 의식이 강하고 위협이나 암컷에 대한 구애 행동으로 몸을 높이 세우고 앞 발을 뻗어 구부린다. '팔굽혀펴기'를 하거나 머리를 위아래로 흔든다.

수컷은 암컷보다 크고, 등에 가시 형태 돌기가 있으며 모양도 선명하다.
암컷은 얼굴, 목, 가슴 부근이 빨강 혹은 오렌지색이다.

갈라파고스바다사자Galapagos Sea Lion

이들이 모래사장, 바위 밭, 배의 갑판 등에서 뒹구는 모습을 제도 전역
에서 볼 수 있으며, 사람이 사는 지역에서는 사람에게 물고기를 달라고
조르기도 한다. 수컷과 암컷의 덩치 차이가 커서 수컷은 큰 개체인 경우
250킬로그램, 암컷은 100킬로그램까지 나간다. 모래사장에서는 낮잠
을 자고 물속에서는 함께 헤엄을 치거나 수면 밖으로 얼굴을 내놓고 관
심 있게 관찰하는 등, 아무튼 사람을 잘 따른다.

갈라파고스물개Galapagos Fur Seal

갈라파고스바다사자보다 덩치가 작고 앞발이 발달해 바위 밭에서도 잘
움직인다. 또한 털도 많아 추위에 강하다. 수온이 낮은 지역에 서식하며
야행성이기 때문에 낮에는 화산암 틈 그늘에서 햇빛을 피해 잠을 자는
경우가 많다.

이사벨라섬과 페르난디나섬에 서식한다. 투명한 청록색의 눈이 인상적이다.

물에서 나오면 날개를 활짝 펴서 말린다. 날개는 성기고 짧다

갈라파고스가마우지Flightless Cormorant

전 세계에서 유일하게 날개가 작게 퇴화하여 날 수 없게 된 가마우지. 천적이 없고 바다에서 먹이를 충분히 구할 수 있다는 점 때문에 날지 않고, 잠수에 유리한 방향으로 진화했다고 한다.

갈라파고스펭귄Galapagos Penguin

몸길이 약 50센티미터. 울퉁불퉁한 바위 밭에서도 경쾌하게 뛰듯이 걷
는다. 직사광선을 피하기 위해 화산암 틈새 같은 그늘에 둥지를 만든다.
바닷속에서는 날개로 물살을 가르고, 먹이를 사냥할 때는 빠른 속도로
잠수한다.

군함조Frigatebird

몸길이 약 1미터, 날개를 펼치면 2미터가 넘는다. 갈라파고스에는 아메리카군함조와 큰군함조가 서식한다. 날개에 발수성이 없기 때문에 해수면에 닿을 듯 말 듯 비행하며 휘어진 부리로 물고기를 낚아 잡는다. 수컷은 새빨간 턱밑 주머니를 부풀려 암컷에게 구애한다.

부비새Booby

파란 다리의 푸른발부비새, 빨간 다리의 빨간발부비새, 갈색 다리의 나스카부비새 등 세 종류가 서식한다. 각자 둥지를 트는 곳, 서식지 등은 겹치지만 먹이를 잡는 장소가 다르기 때문에 싸우지 않는다. 다리 색이 다른 것은 먹이에 함유된 카로티노이드 색소 때문이다.

갈라파고스북부흉내지빠귀Galapagos
Mockingbirds

몸길이는 25센티미터 정도, 꼬리가 긴 편이다. 다윈도 기록했듯 호기심이 왕성해 사람에게도 접근하는 새로 유명하다. 곤충이나 나무 열매, 작은 새의 새끼, 썩은 고기, 땅거북이나 이구아나에 붙은 진드기 등 뭐든 먹는다.

다윈핀치Darwin's Finches

갈라파고스 제도 거의 모든 섬에 서식하며, 13종으로 분류된다. 참새만큼 작고, 날개는 수수한 흑갈색이다. 종에 따라 곤충이나 식물의 씨앗, 선인장 등 먹이가 다르고 이로 인해 부리의 형태도 다르다. 작은 나뭇가지를 잘 이용하거나 부비새의 피를 빨아먹는 종류도 있다.

갈라파고스푸른바다거북Galapagos
Green Turtle

폐호흡을 하기 때문에 해수면으로 떠올라 얼굴을 들고 숨을 쉬는 모습을 선상에서 자주 볼 수 있다. 주로 해초를 먹고, 모래사장 둔덕 같은 곳에 알을 낳는다. 알이나 갓 태어난 새끼는 돼지나 쥐, 다른 새의 표적이 되는 경우도 많다.

갈라파고스붉은게Sally Lightfoot Crab

제도의 해안에서 볼 수 있는 길이 20센티미터 정도의 붉은 게. 새끼 때는 적으로부터 몸을 지키기 위해 바위 색에 가까운 검정색을 띠지만 성장하면 선명한 붉은 색이 된다. 옆으로 걸을 뿐 아니라 앞으로도 걷고, 바위에서 바위로 건너뛸 수도 있다.

스칼레시아 꽃에 앉은 **제왕나비**

(산타크루스섬)

마벨호 선내의 전등으로 날아든 **나방**

(이사벨라섬)

걸프표범나비

남북아메리카 대륙에 널리 분포하는 나비로 장거리 이동을 한다. 시계꽃속을 먹는다.

(산티아고섬)

갈라파고스큰메뚜기의 교미

몸길이 8센티미터 정도. 검은 몸에 노랑과 오렌지색이 눈에 띈다.

(이사벨라섬)

매잠자리의 일종
(산크리스토발섬)

꽃의 꿀을 빨고 있는 **다윈호박벌**
갈라파고스 고유종.
(이사벨라섬)

날개잠자리의 일종
(이사벨라섬)

산란 행위 중인 **날개잠자리**의 일종
(산크리스토발섬)

스칼레시아의 꽃

산타크루스섬의 스칼레시아 숲
건조한 저지대에 적응한 1~2미터의 키 작은 나무 12종
과 습윤한 고지대에 적응한 10~20미터의 키 큰 나무
3종으로 나뉜다.

우기에 잎을 내는 **팔로산토** 숲
팔로산토 나무는 건기에 잎은 떨어뜨려 흰 가지뿐인 고목처럼 된다.
수지가 풍부하며 진하며 달콤한 향을 뿜는다.

선인장나무. 열매와 줄기, 잎은 땅거북이나 이구아나의 먹이가 되기 때문에 이들의 서식지에서 먹이가 되지 않으려고 줄기가 나무처럼 높게 자란다.

푼타 모레노의 화산암 틈새에서 자라는 **용암선인장**. 어린 가시는 노란색이며 오래되면 회색이 된다.

기둥선인장의 꽃과 꽃봉오리와 열매.

기둥처럼 높이 자라는 **기둥선인장**.

참고문헌

《새번역 비글호항해기 하》, 찰스R 다윈, 아라마타 히로시 옮김, 헤이본샤.

《갈라파고스 제도-'진화론'의 고향》, 이토 슈조, 쥬코신쇼.

《갈라파고스 박물학》, 후지와라 고이치, 데이터하우스.

《갈라파고스 섬: 태평양의 노아의 방주》, 아이블 아이베스펠트, 야스기 류이치·야스기 사다오 옮김, 시사쿠샤.

《갈라파고스의 저주-정착민들의 역사와 비극》, 옥타비오 라토레, 아라키 히데카즈 옮김, 도쇼숫판샤.

이 책의 지도는 GEO CATALOG사의 세계지도 데이터 Raumkarte를 사용하여 편집하고 만들었습니다.

Portions Copyright ⓒ 2020 GeoCatalog Inc.

도해 제작　TSDO Inc.(p.96, 97, 98, 99, 105, 133, 137)

사진　　　아베 유스케

취재 협력　도리이 미치요시 GALACAMINOS TRAVEL

생명해류

1판 1쇄 발행 2022년 9월 6일

지은이 · 후쿠오카 신이치
옮긴이 · 김소연
감수자 · 최재천
펴낸이 · 주연선

(주)은행나무
04035 서울특별시 마포구 양화로11길 54
전화 · 02)3143-0651~3 | 팩스 · 02)3143-0654
신고번호 · 제 1997—000168호.(1997. 12. 12)
www.ehbook.co.kr
ehbook@ehbook.co.kr

ISBN 979-11-6737-207-9 (03470)

• 이 책의 판권은 지은이와 은행나무에 있습니다. 이 책 내용의 일부 또는 전부를
재사용하려면 반드시 양측의 서면 동의를 받아야 합니다.

• 잘못된 책은 구입처에서 바꿔드립니다.